我为自己读书

青少年 四堂 必修课

高情商成就无所不能

刘锋 —— 著

北京时代华文书局

图书在版编目（CIP）数据

我为自己读书：青少年四堂必修课 / 刘锋著 . --
北京：北京时代华文书局，2018.9
　　ISBN 978-7-5699-2652-1

　　Ⅰ．①我… Ⅱ．①刘… Ⅲ．①成功心理－通俗读物
Ⅳ．① B848.4-49

中国版本图书馆 CIP 数据核字（2018）第 215916 号

我 为 自 己 读 书 ： 青 少 年 四 堂 必 修 课
WO WEI ZIJI DUSHU : QINGSHAONIAN SITANG BIXIUKE

著　　者｜刘　锋

出 版 人｜陈　涛
选题策划｜郄亚威
责任编辑｜周连杰
封面设计｜异一设计
责任印制｜刘　银

出版发行｜北京时代华文书局 http://www.bjsdsj.com.cn
　　　　　北京市东城区安定门外大街 136 号皇城国际大厦 A 座 8 楼
　　　　　邮编：100011　电话：010 - 64267955　64267677
印　　刷｜北京兰星球彩色印刷有限公司　　电话：0316-5925887
　　　　　（如发现印装质量问题，请与印刷厂联系调换）
开　　本｜710mm×1000mm　1/16　印　张｜40　字　数｜800千字
版　　次｜2018 年 9 月第 1 版　　印　次｜2018 年 9 月第 1 次印刷
书　　号｜ISBN 978-7-5699-2652-1
定　　价｜88.00 元

致广大青少年读者朋友

　　青少年，谁不对未来充满着期待？谁不憧憬着自己美好的人生？

　　然而，究竟怎样才能使自己健康地成长？怎样才能使自己能够真正地实现人生精彩的目标？

　　美国有位老人，一生事业成功，曾创办了十多家企业，还担任过州议员。当人们向他请教人生的秘诀时，他说："人的一生，没有了爱情，只是失去了十分之一；没有了健康，只是失去了一半。但如果没有了梦想，你就失去了一切。什么都可以没有，但不能没有梦想。"

　　梦想，就是人生追求的方向。成就梦想，就是不断地激励自己在困境中奋斗，在挫折中前行。青少年正值花季，人人都怀揣着不同的梦想，要实现很多的愿望。然而，今天的青少年，当自己被不断花样翻新的电子产品包围时，是否想过未来之路该怎样走？当自己正被充满刺激的网络游戏诱惑时，是否想过自己的人生谁来做主？当自己正为日益加重的成长压力苦恼时，是否想过今天的奋斗究竟是为了什么？

　　如果此时此刻你还没有想好答案，还不知道如何规划自己的未来人生，那么，不妨抽出时间仔细阅读一下这套《我为自己读书：青少年四堂必修课》丛书，也许你能从中找到自己最想要的理想答案。

　　《我为自己读书：青少年四堂必修课》丛书，是一套专为青少年成长与成才量身定制的励志图书。全套丛书共分四个分册，从不同的角度为青少年成长答疑释惑，为青少年成才加油鼓劲，为青少年规划远大前程提供有益的人生指导和精神帮助。

作为《我为自己读书：青少年四堂必修课》丛书的分册之一，《高情商成就无所不能》一书，科学地引导青少年正确地认识情商对人生成长与成才的重要作用，帮助青少年把握好心态与情绪的自我控制，以自我激励挑战挫折，以增强自信不断提升自己，以自我管理消除不良情绪，以乐观心态创造光明前途。书中列举了大量生动的案例，入情入理地介绍了适应青少年成长特点的情商培养途径和训练方法，以便他们在未来人生中获得更多的成功机会。

整套丛书寓情于理，以一个个朴实深刻的道理，为青少年拨亮心灯，点燃梦想；以一个个真切动人的故事，让青少年心灵触动，产生震撼；以一个个实用可行的方法，让青少年励志奋进，受益终生。

编辑出版这套丛书的目的，是帮助青少年乘上英才成长的直通快车，让我们的国家未来涌现出更多更强的英才，让今日的青少年都能成为中华民族未来的中流砥柱。真诚希望这套丛书能对广大青少年的健康成长与未来成才有所帮助。

著 者

2018 年夏

Contents
目录

第一章

人生成功的原因是什么 ▶

第二章

情商是怎样被发现的 ▶

第三章

情商的丰富内涵与表现 ▶

第四章

情商对人生发展的独特作用 ▶

第五章

提高情商从认识自我开始 ▶

第六章

自我激励：找到人生内在推动力 ▶

第七章

心态乐观：让前途充满光明和希望 ▶

第八章

调控情绪：做自己情绪的主人 ▶

第九章

快乐学习：积极地化解学习压力 ▶

第十章

从容镇静：努力消除考试焦虑 ▶

第十一章

社交能力：走向成功的通行证 ▶

第十二章

勇对挫折：打造一颗坚强的心 ▶

人生成功的原因是什么

　　每个人都是独一无二的。所以，有多少人就有多少种成功的方法与途径。然而，检视所有成功人士，他们身上往往具有一种颇具共性的出色能力，那就是善于控制和管理自我情绪。这使得人的修养更有内涵从而获得了更多的人脉，使得人的魅力更加彰显从而获得更多的机遇，使得人的智慧更加睿智从而获得了更多的成功。可见，成功的人士就是高情商的人。

他们为什么会成为成功人士

在社会生活中，各行各业有着很多成功人士。他们为什么会成功？原因肯定是多方面的。在这些多方面的成功原因中，他们往往都有一个共同的原因，那就是高情商。情商既是一种对情绪进行自我调控的能力，也是一种适应生存环境、融洽人际关系的品质。追求人生成功，智商重要，情商更不可缺。当代很多成功人士的经历证明：要走向成功，高情商比智商更加重要。

请看下列三则案例：

案例一：少有的镇静让刘洋成为中国首位女飞行员

2012年6月16日，"神舟九号"顺利升空，刘洋成为第一位飞天的中国女航天员。提起刘洋的飞天之路，要从八年前说起。高中毕业后，经过层层严格的体检，刘洋以超过当年地方重点院校录取线31分的高分，毅然选择了长春第一飞行学院，成为一名女飞行员。这是新中国成立以来空军在河南招收的首批女飞行员。

第七批女飞行员中80%都是独生女，刘洋也不例外。但刘洋从来不娇气，在四年的航校学习生活中，她从来不让父母看望。还记得第一次跳伞之前她打电话回家，父母特别为她担心，而她却轻描淡写地说："不就是跳伞吗？没问题，安全得很，何况有教员在，我们很放心。"跳完了，她也没有急于打电话向父母报平安。到晚上打电话才知道，父母一天都等在家里，没有上班。听到刘洋的声音，爸爸在电话那头激动地说："好，好，好，平安下来就好。"妈妈拿起电话，一句话也说不出来，双泪长流。"雏鹰在家的庇护下，怎么也不能高飞。"第一次跳伞后，刘洋写信回家时这样对父母说。

一次，刘洋驾驶着战鹰在进行仪表飞行。刘洋刚刚发出"收起落架"的口令，便听到嘭的一声，一股鲜血直喷到挡风玻璃上。瞬间，座舱内便充满了焦煳味。刘洋凭直觉判断：飞机撞鸟了。紧接着，机械师报告："右发动机温度升高，动力下降。"

在危急情况下，刘洋表现出了一个年轻飞行员少有的镇静，集中精力保持飞行姿态，和机组人员密切协作，采取正确的方法着陆，十一分钟后，终于使飞机在跑道上成功降落。下飞机一检查，飞机一共撞上了十八只信鸽，有两只被吸进了吸气道。如果当时处理不当，后果不堪设想。

作为跨世纪的飞行员，刘洋并不满足于"两杆一舵"的生活，在飞行之余，她还擅长朗诵和演讲。

案例二：顽强进取的精神让姚明成为篮球巨星

"巨人"姚明曾是美国NBA队员，是世界级篮球巨星、中国篮球史上里程碑式的人物。姚明曾获7次NBA"全明星"称号，被美国《时代周刊》列入"世界最具影响力100人"。在姚明的运动生涯中，他以高超的球技、顽强进取的精神、谦逊幽默的气质与人格魅力，赢得了世界声誉。

进入NBA之后，由于语言不通和文化差异，同伴和观众对这位大个子往往敬而远之。但姚明很快就以自然朴实、谦虚幽默征服了他们。无论比赛胜负，姚明总是以热情鼓舞队友，诚恳求教，并以出色的情商成为球队中的精神领袖。

2011年7月21日，伤痕累累的姚明选择了退役。退役后他为公益事业做了很多有意义的事，并积极从事与青少年的交流活动。在与台湾政治大学同学们的交流中，大家都被姚明乐观而积极的正面心态感染。大家以前只觉得姚明是个优秀的篮球运动员，通过交流才明白他背负着巨大的社会压力以及责任，"姚明不只是外表高大，他的内心更是无比巨大"。姚明也坦承："有时候感到很累，甚至很难去调整自己。但我总是告诫自己，要坚持。""重要的还是要持之以恒，我相信滴水穿石。"

姚明的出现，让世界对中国有了新的了解与认识；姚明的成功，让更多的人关注、喜爱篮球。姚明成为东西方文化的桥梁，具有史无前例的个人影响力。姚明的意义与价值，超越了篮球运动，超越了国界。

案例三：激情与执着让李开复成为了青少年的人生导师

李开复现在作为创新工场董事长兼首席执行官，他不仅是一位成功的企业家，更是受广大青少年欢迎和尊敬的人生导师。

在李开复自传的字里行间，我们看到的是岁月流逝中沉淀下来的宝贵的人生智慧和职场经验。捣蛋的"小皇帝"、11岁的"留学生"、奥巴马的大学同学、26岁的副教授、加入世界著名的微软公司并于37岁创办了微软中国研究院、43岁担任谷歌公司全球副总裁、谷歌中国的创始人……他有着太多传奇的经历，而他的每一次人生选择，都是一次成功的自我超越。

2004年7月，李开复创立"我学网"，这是一个致力于帮助青年学生成长的公益性网站。

几年来，李开复在和无数青少年访问者"零距离"的对话接触中，以不时闪烁的思想火花，打动了很多网友。无论提问还是回答，李开复都把那种无拘无束、自由开放的交流气氛传递给青少年朋友们。

多年来，李开复在中国的高校中做了上百场的演讲，超过百万的中国年轻人受到他的鼓励和指引。他创办了微软中国研究院，创办了谷歌中国，如今，一个更加宏大的计划正在实施，那就是帮助中国的年轻人创业，让中国的年轻人有更多的选择和更好的平台！这位年少时淘气的"小皇帝"，是如何成为走向全球化的职业经理人，成为员工们喜爱的开复总裁，成为学生们尊敬的开复导师的？李开复总结道：如果你想成为一名成功的领导，最重要的不是你的智商（IQ），而是你的情商（EQ）；最重要的不是要成为一个有号召力、令人信服的领导，而是要成为一个"谦虚"、"执着"和有"勇气"的领导。

李开复认为一个人不可以只生活在一个人的世界中，而应当尽量学会与各阶层的人交往和沟通，主动表达自己对各种事物的看法和意见。他总结了这样的人生哲理：每个人都应了解自己的兴趣、激情和能力，并在自己热爱的领域里充分发挥自己的潜力；无论是驱逐悲伤还是获取快乐，我们都需要从倾诉和沟通中得到正面的激励；有勇气来改变可以改变的事情，有胸怀来接受不可改变的事情，有智慧来分辨两者的不同。

李开复成功的人生表明：一个人的成功，情商比智商更重要。

在生活中，我们经常会接触到智商与情商的悖论，相当多的高智商者尽管学业优秀、反应灵敏且博闻强记，然而在事业上却远不如一些智商比他们低得多的人那么辉煌。在智商相近的人群中，有的讨人喜欢，有的却惹人讨厌，甚至找不到称心配偶，而面对挫折，有的游刃有余，有的却一筹莫展。

| 温馨提示 |
WENXINTISHI

李开复曾说过：在任何领域，情商的重要性都是智商的两倍；在成功的层面上，情商比智商重要几倍。在企业界流行一句话："智商使人得以被录用，而情商使人得以晋升。"

对成功人士的问卷调查

北京一家人才研究机构曾经对100名成功人士进行了问卷调查。在接受问卷调查的成功人士中，有90%以上的为高情商者。所谓"高情商"，是指有良好的自我意识，能够客观积极地看待自己，努力克服一切困难与阻力。通过分析，这些成功人士的高情商主要表现在以下几个方面。

（1）能够客观认识自我

认识自我是成功的前提。高情商的人一个最为本质的特征就是认识自我。问卷中的成功人士总是能够客观积极地评价自己。他们不仅能够看到自己身上的优点，也能客观地看到自己身上的缺点，并能积极地去避免缺点给自己带来的负面影响。一个人总有某些连自己也看不清楚的个性上的盲点，而高情商者还常常自我反省，并从不同的角度了解、认识自己，具有自知之明，为自己正确定位。因此，高情商者能够处理好周围的一切关系，成功的机会总是比较大。

情商低的人往往对自己评价过高，夜郎自大，既缺乏自知之明，又缺乏知人之明。一个人如果对自己都不能客观正确地认识，就很难建立自信心，也就很难了解别人，当然也就难以成功。

（2）拥有远大目光

成功人士常有的特质就是拥有远大目光。高情商的人士目光长远，不沉溺于短暂的利益之中，能够克制自己的欲望。他们想问题、做事情，眼光放得远大。他们懂得，"人无远虑，必有近忧"。问卷中的成功人士能够获得别人难以企及的成功，就在于其对自己事业的长远规划、高瞻远瞩，比一般人看得远，也就更容易获得成功的青睐。而低情商者恰恰相反，他们急功近利，鼠目寸光，沉溺于眼前的一失一得，满足于眼前的一点点欲望，不能抵抗短暂的利益诱惑。这种人的社会适应能力必然脆弱，也就必然难以成功。

（3）既乐观又自信

高情商者做一切事情的动力大部分来自内心，具有很强的自觉性、自发性与主动性。一旦决定做某一件事后，他们就会全力以赴，不完成是不会停止的。这种人做事不需要外在的推动力，努力奋斗，主动自发。问卷中很多成功人士都属于这一类型。他们做任何事情，都动机明确、兴趣强烈、积极进取，而且有勇气，有信心。问卷中有些成功人士即使碰到很大的困难与挫折，也没有放弃希望，而是充分地发挥主观能动性，寻求东山再起，并最终获得了成功。

这种人乐观，他明白，人是生活在希望之中的，希望是人生精神的寄托、生命的支柱。因此，他善于自我激励、自我鞭策、自我肯定、自我强化、自我管理，也就容易获得成功。

（4）善于控制情绪

善于控制情绪是这些成功人士的又一个特征。他们在任何时候都能做到头脑冷静、行为理智，能够保持一颗淡然的心态。他们具有较高的情绪调整能力，能够及时化解和排除自己的不良情绪，使自己始终保持良好的心境，做到胸怀豁达。

很多时候，人们容易被触怒，进而动火、发脾气。其实，发脾气不能解决任何问题。但如果我们能够给不好的东西一个好的解释，保持头脑冷静，就可以调整激动的情绪，使自己心情开朗。正如美国前总统富兰克林所说："任何人生气都是有理由的，但很少有令人信服的理由。"低情商者恰恰相反，他们控制不住自己的情绪，极易发作，情绪的波动极容易影响前进中的事业。

（5）拥有强大的人脉

在问卷中，这些成功人士的高情商的一个重要休现就是拥有强大的人脉。良好的人际关系是一笔宝贵的财富，使一个人走向事业上的成功。美国成功学大师卡耐基经过长期研究得出结论说："专业知识在一个人成功中的作用只占15%，而其余的85%则取决于人际关系。"良好的人际关系的建立依赖于社交能力。

高情商的人总是将利人利己作为基本的价值观。他们认为，共赢或者多赢是最优的结果，是一种基于互敬、寻求互惠的准则，目的是使双方都获得更丰盛的机会、财富及资源，而不是敌对式残酷竞争。即使暂时实现不了共赢，也应该友好礼貌地结束，好聚好散，为今后的共赢埋下伏笔，打好基础。

不难看出，高情商的人之所以总是很有人缘，总是在关键时刻有贵人相助，其重要原因在于他们目光远大、乐观自信、情绪稳定，并对自我有良好的认知。

一个认识上的误区：智商决定人生

一个绝顶聪明的人，如果失去理性，任性胡为，那也和蠢货、笨蛋无异。一个智力平平的人，如果自知自控，自励自强，迟早也会和卓越者为伍。这样的例子，我们在生活中见得太多。生活给所有的人上了这样一课：智力高低虽然可以决定行动的速度和成功的难易，但情商高低却能决定生活的质量和人生的成败。

请看下面一个例子：

我国某名牌大学少年班曾有这么一位学生，他进校时，经专家测试智商高达160分以上，属于天才型。然而，此人自命不凡，性格孤僻，言语刻薄，无法与同学处理好关系，以至于终日里神情落寞，郁郁寡欢。后来他迷上了佛教，阅读了大量佛经及有关文献著作，渐渐沉溺于其中不能自拔。一日，他独自一人走入茫茫深山之中，从此一去不返，杳无音信。尽管家长为之痛不欲生，老师、同学为之遗憾、惋惜，然而他再也没有出现，就此从世上无声无息地消失了。

若论智商，此人不可谓不高，然而他最终所选择的路无疑是很可悲的。高智商并未给他带来人生的成功，他的人生反而不如那些智商平庸者过得有意义。事实上，在智力测验中取得成功而在现实生活中一败涂地的人比比皆是。不少在智力测验中得分130、140的人，却往往只能做智商100分的人的下级或助手。

美国心理学家曾对伊利诺伊州一所中学的81位优秀毕业生进行过跟踪研究。这些学生的平均智商是全校之冠，他们上大学后成绩也都不错，但到近30岁时大都表现平平。中学毕业十年后，他们中只有1/4的人在本行业达到同年龄最高阶层，而很多人的表现甚至远远不如同侪。

曾参与此项研究的波士顿大学教授凯伦·阿诺针对这一调查结果指出："面对一位毕业致词代表，你唯一知道的就是他考试成绩不错，而对一位高智商者，你所知道的也就是他在回答某些心理学家们所编制的智力测验时成绩不错，但我们无法对他未来的成败做出准确有效的预测。"

| 温馨提示 |
WENXINTISHI

凯伦·阿诺对智力测验和智商的有用性的评价代表了很大一部分心理学家的观点，也折射了传统智力测验目前所面临的窘迫处境。

智商不是决定成功的唯一因素

有着聪明过人的大脑绝对是一件值得高兴的事情，因为智力的高低确实在成功的过程中起着举足轻重的作用。然而，许多智商高的人却仍然在生活的底层苦苦跋涉，这又是为何呢？那是因为他们没有意识到情商在一个人成功路上的重要性。

十多年前的美国青年莫奈，就是这些人中的一个。

那时，莫奈还只是一个汽车修理工，当时的处境离他的理想差得很远。一次，他在报纸上看到一则招聘广告，休斯敦一家飞机制造公司正向全国广纳贤才。他决定前去一试，希望幸运会降临到自己的头上。

他到达休斯敦时已是晚上，面试就在第二天进行。

吃过晚饭，莫奈独自坐在旅馆的房间中陷入了沉思。他想了很多，自己多年的经历历历在目，一种莫名的惆怅涌上心头：我并不是一个低智商的人，为什么我老是这么没有出息？

他取出纸笔，记下几位认识多年的朋友的名字。其中两位曾是他以前的邻居，他们已经搬到高级住宅区去了。另外两位是他以前的同学，他扪心自问，和这四个人比，除了工作比他们差以外，自己似乎没有什么地方不如他们。论聪明才智，他们实在不比自己强。

最后他发现，和这些人相比，自己分明缺乏一个特别的成功条件，那就是性格、情绪经常对自己产生不良影响。

钟声敲了三下，已是凌晨3点钟。但是，莫奈的思绪却出奇地清楚。他第一次看清了自己的缺点，发现了自己过去很多时候不能控制的情绪，比如爱冲动、遇事从不冷静，甚至有些自卑，不能与更多的人交往等。

整个晚上他就坐在那儿检讨，他发现自己从懂事以来，就是一个缺乏自信、妄自菲薄、不思进取、得过且过的人。他总认为自己无法成功，却从不想办法去改变性格上的弱点。

同时他发现，自己一直在自贬身价，从过去所做的每一件事都可以看出，自己几乎成了失落、忧虑而又无奈的代名词。

于是，莫奈痛定思痛，做出一个令自己都很吃惊的决定：从今往后，决不允许自己再有不如别人的想法，一定要控制自己的情绪，全面改善自己的性格，塑造一个全新的自我。

第二天早晨，莫奈一身轻松，像换了一个人似的，怀着新增的自信前去面试。很快，他被顺利地录用了。

莫奈心里很清楚，他之所以能得到这份工作，就是因为自己的醒悟，因为对自己有了一份坚定的自信。

两年后，莫奈在所属的组织和行业内建立起了名声，人人都知道，他是一个乐观、机智、主动、关心别人的人。

在公司里，他不断得到升迁，成为公司所倚重的人物。即使在经济不景气时期，他仍是同业中少数可以做到生意的人。几年后，公司重组，分给了莫奈可观的股份。

情商较高的人在人生各个领域都比较容易占优势，无论是人际关系还是理解办公室中不成文的游戏规则，成功的机会都比较大。此外，情感能力较佳的人通常对生活较满意，较能维持积极的人生态度。反之，情感生活失控的人必须花数倍的心力与内心交战，从而削弱了他的实际能力与清晰的思考力。

温馨提示
WENXINTISHI

并不是所有的成功都来自智力，高情商的人，总是善于发现自己的不足，让自己的性格和情绪得以完善。

情商和智商二者相辅相成

不管哪种情商理论都基于这样一种认识，即高智商并不代表对社会可以很好地适应。所以，人类的智力应该具有比传统智力更广泛的内涵，或者说它还需要其他的一些心理品质来加以辅助。在事业上取得成功的重要因素中，智商只是其中之一。所以，智商很低的人在事业上要想出类拔萃也并非绝不可能。

一项对美国20世纪40年代的95名哈佛大学毕业生直到中年的追踪研究发现，那些在大学里考试成绩最优秀者，相对于成绩低一些的，在以后的收入、成就、行业地位等方面并不一定有更大的优势。他们在生活满意度、友情、家庭以及爱情上也不见得更理想。也就是说，智商不是完全与生活和事业上的成功成正比，它不能完全反映事业和生活中的实际状况。

没有情商，智商也就得不到充分的发挥。美国心理学家戈尔曼曾说过："情感潜能可以说是一种中介能力，决定了我们怎样才能充分而又完善地发挥我们所拥有的各种能力，包括我们的天赋智力。"况且高智商者在人群中毕竟只占少数，按心理学家的理论推算只有2%左右，大多数人是中等智商，所以更需要情商的辅助才能取得成功。现在有不少人甚至认为，在预测个人成功时，情商比智商更有用。

美国一家很有名的研究机构调查了188家公司，测试了每家公司的高级主管的智商和情商，并将每位主管的测试结果与他的工作业绩联系起来分析。结果发现，情商的影响力是智商的9倍，而且智商略逊的人，如果情商很高，也一样能取得成功。

美国心理学家奥列弗·温德尔·荷尔姆斯运用情商概念，对美国历史上历届总统进行了研究。他认为，富兰克林·罗斯福总统是个具有二流智力、一流情商的政治家，却被世界公认为美国历史上一个卓越的领导人；而尼克松总统具有一流的智慧、二流的情商水平，结果黯然下台。

| 温馨提示 |
WENXINTISHI

智商和情商各自独立，但并非对立、矛盾。事实上两者是相互联系、相辅相成的。

有关智商与情商的是是非非

近年来，无论是国外还是国内，不少人对情商问题很感兴趣，媒体对这一课题也很热心地报道。流传广了，产生误解也就在所难免。在此，我们就情绪和智商的误解做出澄清。

误解一：智商只能预测个人成就10%～20%的变量，情商则可预测其余80%～90%的变量。

虽然智商预测个人成就的能力不高，但情商能解释智商无法解释的变量的一部分。才能是多元的，除了智能和情商外，其他才能如创造力、沟通能力、务实能力、意志力等对个人成就也十分重要。至于情商可以预测成就变量的百分之几，仍是未知之数。心理学家也没有必要去确定其百分比。

误解二：情商比智商重要。

从多元才能的观点来看，智商和情商谁也不比谁重要。因为智商测验和一般的学校测验考试在形式上较接近，所以较能准确地预测学业成绩，但对于一个人是否善于驾驭情绪，预测能力便不足了。同样的，情商在情绪范畴上可以发挥的功用较大也较直接，但对学业成绩的影响则比较间接。

误解三：凡是不能用智商度量的能力便是情商。

近来传媒和很多人都将智商以外的能力笼统地纳入情商的范畴内。其实除了智能和情商外，还有很多其他重要的能力。情商是管辖和调控情绪的能力，不能把其他才能如意志力、沟通能力等与情商混为一谈。

误解四：情商可以预测成就，如果我知道自己的情商，便可估计未来的成就。

首先，"情商"测验并不存在。要知道自己的情商有多高，现在还言之过早。更重要的是，我们不应将情商看作是一种评估或用来预测成就的概念。

同样的，智商测验在法国开始时，目标是想辨认学习进步较缓慢的孩童，以便及早向他们提供特殊教育。后来智商测验传到美国，测量成风，测验人一度沉迷于评估受测者的智商。结果智商测验一度沦为歧视、偏见推波助澜的工具。

误解五：一个人的分析能力差不打紧，只要有情商，仍可以有很大的成就。

这种观点是自欺欺人。要成大器，各种才能必须同时配合，缺一不可。按照多元才能的观点，成长的目标应是全面发展，多种才能并驾齐驱，每一种才能都有增长的余地。如果发现自己在某一种才能上比较落后，便应在那方面多下功夫。自己的分析能力不足，只靠情商来补救，虽然可以得到精神上的胜利，但却阻碍了个人成长。

误解六：情商是一种不可改变的定量。

如果认为情商是不可改变的定量，这未免夸大其词了。有关研究成果显示，可以通过成功地改变一些人的推理方法，从而使他们更懂得面对挫折。

┃温馨提示┃
WENXINTISHI

要提高情商的确不是一件容易的事，必须下定决心去改变自己固有的世界观和方法论，才会有显著进步。

情商是怎样被发现的

　　情商并不神秘。我们一直以来对情商产生的神秘感，主要是来自对智商的一些认识上的误区。情商对个性的教育、个人成长以及人际交往的影响是毋庸置疑的，一旦我们对情商的具体内涵有了清楚的认识以及对智商的认识误区有了理性分析后，情商的神秘面纱就自然脱落了。

情商的发现源于一次"乐观测试"

情商的被发现绝非偶然，而是源于一次"乐观测试"。

20世纪80年代中期，美国某保险公司曾雇佣了5000名推销员并对他们进行了培训，每名推销员的培训费高达3万美元。谁知雇佣后第一年就有一半人辞职，四年后这批人只剩下1/5。原因是，在推销人寿保险的过程中，推销员得一次又一次地面对被人拒之门外的窘境，许多人在遭受多次拒绝之后，便失去了继续从事这项工作的耐心和勇气了。

为了确定是不是那些比较善于应对挫折、将每一次拒绝都当作挑战而不是挫折的人更可能成为成功的推销员，该公司向宾夕法尼亚大学心理学家——以提出"在人的成功中乐观情绪的重要性"理论而闻名的马丁·塞里格曼讨教，希望他能为公司的招聘工作提供帮助。

在接受该保险公司的邀请之后，塞里格曼对1.5万名新员工进行了两次测试，一次是该公司常规的以智商测验为主的甄别测试，另一次是塞里格曼自己设计的用于测试被测者乐观程度的测试。而后，塞里格曼对这些新员工进行了跟踪研究。

在这些新员工当中，有一组人没有通过甄别测试，但在乐观测试中，他们却取得"超级乐观主义者"的成绩。跟踪研究的结果表明，这一组人在所有人中工作任务完成得最好。第一年，他们的推销额比"一般悲观主义者"高出21%，第二年高出57%。从此，通过塞里格曼的"乐观测试"，便成了该公司录用推销员的一个重要条件。

　　塞里格曼的"乐观测试"实际上就是情商测验的一种雏形，它为保险公司所做工作的成功，在一定程度上直接证明了与情绪有关的个人素质在预测一个人能否成功中的重要作用，也为"情感智商"即"情商"的概念和理论的诞生提供了实践上的有力支持。

┃温馨提示┃
WENXINTISHI

　　塞里格曼认为，当乐观主义者失败时，他们会将失败归结于某些他们可以改变的事情，而不是某些固定的、他们无法克服的困难。因此，他们会努力去改变现状，争取成功。

情感智商的科学发现

　　正式提出"情感智商"这一概念的是美国耶鲁大学的彼得·沙洛维教授和新罕什布尔大学的约翰·梅耶教授。他们在1990年把情感智商描述为由三种能力组成的结构。这三种能力是：

　　·准确评价和表达情绪的能力；
　　·有效地调节情绪的能力；
　　·将情绪体验运用于驱动、计划和追求成功等动机和意志过程的能力。

　　1993年，沙洛维和梅耶对情感智商作了进一步的研究，把它定义为社会智力的一种类型，并对其应包含的能力内容重新做了界定：

　　·区分自己与他人情绪的能力；
　　·调节自己与他人情绪的能力；

·运用情绪信息去引导思维的能力。

沙洛维和梅耶于1993年对情感智商所做的界定，虽然比1990年的表述更为清晰、准确，但基本含义变化不大。不过，这时"情感智商"已在心理学界引起了广泛的重视，并开始受到一些企业界人士的注意。不少企业管理人员已尝试着把有关情感智商的一些知识运用到实际工作中。

美国新泽西实验室的一位经理，就曾结合情感智商的有关理论，对他手下工作绩效最佳的职员进行分析。结果他发现，那些工作绩效最好的人，的确不是具有最高智商的人，而是那些情绪传递能得到回应的人。

这表明，与社会交往能力差、性格孤僻的高智商者相比，那些能够敏锐地知觉他人情绪、善于控制自己情绪的人，即那些与同事相处良好的合作者更可能得到为达到自己的目标所需要的工作，也更可能取得成功。

| 温馨提示 |
WENXINTISHI

美国专家大卫·坎普尔及同事在研究那些昙花一现的主管人员时发现，这些人并非因技术上的无能，而是因情绪能力差，导致人际关系方面陷入困境，而最终失败的。

高情商使人具有主宰自己命运的力量

古希腊的早期哲学家阿基米德曾信心十足地宣布："只要给我一个支点和一根足够长的杠杆，我就可以撬动地球！"

多年以来，人们一直以为高智商等于高成就。其实，人一生的成就至多只有20%归因于智商，80%则是受情商因素的影响。

当然，所谓20%对80%并不是一个绝对的比例，它只是表明，情感智商在人生成就中起着至关重要的作用。尽管智商的作用不可缺少，但过去把它的作用估量得太高了。

有些人总是抱怨命运的不公，自己付出了辛劳的汗水，得到的却是失败和痛苦。究其原因，是因为他们缺乏自我激励的情商。

不少人往往因为一点小事便陷入消极的情绪之中，或垂头丧气，或忧愁烦闷，或大发雷霆，或三心二意、动摇不定。自己具有的智力不能得到充分发挥，其尘封的潜力更是难以被发掘。其实，他们只要利用自己的情商，就能有效地调控自己的消极情绪，让自己拥有一个良好的心态，专注于生活和事业中。

还有一些人只用手不用脑，他们事无巨细，样样操心，自己动手。人的精力是有限的，如果连琐碎的事都要去做，那会浪费你多少心智和精力啊！

| 温馨提示 |
WENXINTISHI

谁都梦想着成功，但梦想不可能一蹴而就，它的实现需要忍耐与拼搏，更需要用心与专注。学会利用自己的情商调控自己的消极情绪非常关键。

所以，要想成就一番事业，必须拿出眼光，瞄准一个目标，辨识自己必须去做的事情。这样，你才不会忙得团团转、焦头烂额而一事无成。而能否做到这一点，同样决定于你的情商。

一个人事业上的成功，需要有正确的思想和理念的指引。真正具有建设性的精神力量，蕴藏在左右一生命运的情商中。每时每刻的精神行为，会对生命产生决定性的影响。

人们应当懂得：人生正如一辆全速行驶的列车，而情商为它提供足够的动力，决定它前行的方向。

在生活中不难发现，有的人在艰难困苦的逆境中，却能够含垢忍辱，负累前行，在别人的冷眼和鄙视中一鸣惊人，一飞冲天。

而有的人生活优裕舒适，开创事业的条件样样具备，机会更是不计其数，但他们总是消极麻木，不思进取，宁可坐享其成，叫时光虚掷，也不愿立志实现梦想。

两种为人，两种人生，造成差别的原因，还是与情商有关。

只有情商才能使人成为命运真正的主人。那么，作为年轻人的你现在就可以唤醒你沉睡的情商，指挥它，命令它，让它给你无限的想象力。只要你有这样的决心，那么，你的梦想终会成真！

情商的高低，可以决定一个人的其他能力（包括智力）能否发挥到极致，从而决定他的人生有多大的成就。

有这样一个笑话：

问：一个笨蛋十五年后变成什么？
答：老板。

从某种意义上说，这个笑话中的答案也是正确的。即使是笨蛋，如果情商比别人高，职业上的表现也必然胜出一筹，他的命运自然会大为改观。

许多证据显示，情商较高的人在人生各个领域都占尽优势，无论是谈恋爱、人际关系，还是在主宰个人命运等方面，其成功的机会都比较大。

此外，情商高的人生活更有效率，更易获得满足，更能运用自己的智能获取丰硕的成果。反之，不能驾驭自己情感的人，内心激烈的冲突会削弱他们本应集中于工作的实际能力和思考能力。

也就是说，情商的高低可决定一个人其他能力（包括智力）能否发挥到极致，从而决定他有多大的成就。

美国心理学家、哈佛大学教授霍华德·加德纳说："一个人最后在社会上占据什么位置，绝大部分取决于非智力因素。"

现代研究已经证实，情商在人生的成功中起着决定性作用，只有与情商联袂登台，智商才能得到淋漓尽致地发挥。在许多领域卓有成就的人，其中有相当一部分人在学校里被认为智商并不太高，但他们充分地发挥了他们的情商，最后获得了成功。

英国杰出的生物学家达尔文在他的日记中说："教师、家长都认为我是平庸无奇的儿童，智力也比一般人低下。"但他成为了伟大的科学家。

美国杰出的科学家爱因斯坦1955年在一封信中写道："我的弱点是智力不行，特别苦于记单词和课文。"但他却成为了世界级的科学大师。

德国著名政治家洪堡上学时的成绩也不好，一次演讲中他提到："我曾经相信，我的家庭教师再怎样让我努力学习，我也达不到一般人的智力水平。"可是，二十多年后，他却成为杰出的植物学家、地理学家和政治家。

美国企业家凯文·米勒小时候学习成绩很差，高中毕业时靠着体育方面的才能，才勉强进入芝加哥大学学习。许多年后，在他公开的日记中有这样的记述："老师和父亲都认为我是一个笨拙的儿童，我自己也认为其他孩子在智力方面比我强。"可是，这位凯文·米勒经过多年的努力，却成为美国著名的洛兹企业集团的总裁。

美国心理学家丹尼尔·戈尔曼用了两年时间，对全球近500家企业、政府机构和非营利性组织进行分析，发现成功者除了往往具备极高的工作能力以外，其卓越的表现亦与情商有着密切的关系。

在一个以15家全球企业，如IBM、百事可乐及富豪汽车等数百名高层主管为对象的研究中发现，平凡领导人和顶尖领导人的差异，主要是来自情商的差异。卓越的领导者在一系列的情感智能，如影响力、团队领导、政治意识、自信和成就动机上，均有较优越的表现。

情商对领导人特别重要，因为领导的精髓在于使他人更有效地做好工作。一个领导人的卓越之处，在很大程度上表现于他的情商。

所以说，情商是一个人命运中的决定性因素，成功者和卓越者并不是那些满腹经纶却不通世故的人，而是那些善于调动自己情绪的高情商者。

| 温馨提示 |
WENXINTISHI

只有更大地把握自我的情绪、情感，才能更好地指导自己的人生，从而主宰自己的人生。

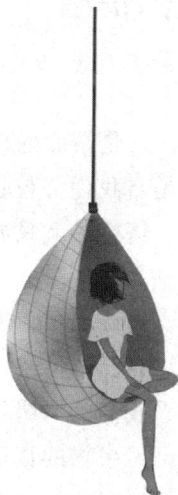

情商的丰富内涵与表现

　　情商不是人生来就有的，要靠后天的培养与训练才能
提高和升华。高情商也不是某些人的专利，每个人只要学会
管理好自我情绪，就能成为主宰自己人生命运的主人。塑造
情商，人们首先应当了解自己，根据自我条件克己自律，扬
长避短，不任性放纵而理性生活，不虚荣功利而坦然处世，
从而用好修养彰显自己的魅力，用高情商获得美丽的人生。

自我了解，认识自己的情绪

一个人在某种情绪刚出现时便能察觉，这是情商的核心与基石。监控个人情绪时时刻刻变化的能力，是自我理解与心理领悟的基础。没有能力认识自身的真实的情绪、情感，就只能听凭这些情绪、情感的摆布而成为其奴隶。

实际上，要把握好自己的情绪，首先要以认识自我情绪为基础，继而产生对情绪的自我觉知。所谓认识自己的情绪，即当自己的情绪产生之时就能觉知。乍一看，似乎我们的情绪是显而易见的，但有意识地回想一下就会发现，自己对事物的真正感受其实并未留心，往往是过后方知。而对情绪的自我觉知，即觉知到自我的情绪，又意识到自我对此情绪的看法，是对自我内在状态的不作反应也不加评价的注意。这种自我情绪的觉知作为内在注意力，既不会随情绪之波、逐情绪之流而迷失，也不会对所觉察的情绪夸大其词或过度反应，而是保持中立，哪怕身陷情绪骚乱暴动之中仍能自省，客观地反映自我。情绪的自我觉知是情绪能力的根基，否则就不可能有情绪的自我控制乃至其他能力的发展。

人们注意和处理自己的情绪的风格特点各不相同，大体有以下几种类型：

（1）自我觉知型

这一类人，自己的情绪一出现便能察觉，对自己情绪的清晰认知构成了其人格特点。他们拥有积极的人生观，心理健康，自制自主，随心所欲又不逾规矩。一旦情绪低落，他们也绝不辗转反侧，缠绵其中，而是努力跳出重围，很快恢复平静。总之，自我觉知型的人能有效地管理自己的情绪，心脑健全。

（2）沉溺型

这一类人总是被卷入自己情绪的狂潮之中，无力自拔，听凭情绪的主宰；情绪多变，反复无常，而又不自知；听任自我沉溺于恶劣的情绪之中，无力也无能摆脱，常常处于情绪的失控状态，自感被压倒、击溃。

（3）认可型

这一类人对自我感受了解得清清楚楚，但对此接受、认可，并不打算去改变。这一类型又可分为两种，其一是乐天知命型，总是高高兴兴，自然不愿也没有必要去改变；其二是悲观绝望型，虽然清晰地认识到自我的情绪状态，而且明知是不良情绪，却采取认可态度，无论自己有多么烦恼与悲伤，就是无所作为。抑郁症患者是这一类人的典型，他们大都束手待毙于自己的绝望、痛苦之中。

| 温馨提示 |
WENXINTISHI

你的情绪风格属于哪一种？如果属于自我觉知型，那么你将拥有控制情绪的能力；如果属于后两种类型，也不必悲观，认识自己不良的情绪并加以控制，你也能拥有高情商。

克己自律，管理自己的情绪

俗话说："先做好自己的主人，然后才能做别人的主人。"但是管理好自己的情绪并不简单，因为每个自我中都经常存在着感情与理智的斗争。而所谓的克己自律，就是要克服自己本能的好恶，根据理智来思考、做事。这就要求一个人即使在情绪高涨时，也能够做他应该做而非想要做的事。但是当一个人的感情胜过理智时，他便沦为感情的奴隶。

美国一位叫汤姆逊的心理学家就善于管理自己的情绪。

一天，天色已晚，小街上寂无一人，汤姆逊很担心，情不自禁地摸了摸旧大衣口袋里的2000美元。走了没多久，他发现身后十几米处有个彪形大汉紧紧跟着他。他无论快走还是慢走，怎么也甩不掉那大汉。就在那大汉追上来时，汤姆逊突然向后转，朝大汉走去，装出一副十分可怜的样子对大汉说："先生，发发慈悲，给我几个钱吧！我快饿昏了！"那家伙打量着他的旧大衣，见他一副寒酸相，没好气地说："活见鬼！我以为你口袋里有几百美元哩。"说完转身就走了。

汤姆逊之所以能智退强盗，关键就在于他善于管理自我情绪。保持冷静的情绪使他快速想出了合理的"退敌"之策。

与冷静相对应的是急躁。急躁使人心绪不宁，处于惴惴不安的精神状态，其结果是经常把本来十分简单易办的事情，人为地变得复杂难以处理了。俗话说："忙中出错。"所以，做任何事情都不可急躁，急躁不仅误事，还可能坏事。因此，一位作家这样说："事业常毁于急躁。"而冷静则使人在一种正常的心理状态下实事求是地看待事物，对所要做的事情的条件和实现的可能性都有科学的认识和预测，进而深思熟虑、千方百计地确定完成目标的最佳方案和具体办法。因此，不论遇到何种情况，都要管理好自己的情绪，以积极的、平和的心态处理问题，一定会事半功倍。

┃温馨提示┃
WENXINTISHI

但凡谨慎而有远见的人，在享受现在之时，都会考虑到现在对未来的影响。因此，他们总是努力克制自己，避免鲁莽行事、急躁误事。

理性生活，克制自己的情绪

一个人能否把握与控制自己的情绪，往往决定一个人事业的得失成败，以至人生命运。克制自己的情绪是一种美德，一个人只有能抵挡因命运的冲击而产生的情绪波动，方能不沦为激情的奴隶。而做到这样，就需要一颗理性的大脑，驾驭自己去理性地生活处世。

人的任何一种情感反应都有其意义与价值。因为如果没有激情，人生将成为荒原，失去生命本身的丰富价值。虽然人生离不开情感，离不开激情，但是并不意味着情感可以滥用，关键是要适度、适时、适所。情感若太平淡，人的生命将枯燥无味，太极端又将成为一种病态。如抑郁到了无生趣、过度焦虑、怒不可遏、坐立不安等程度，那都是一种病态。

一个人善于克制不愉快的感受是情感幸福的关键，而极端的情绪（太强烈或持续太久）是情感不稳定的主因。但这并不是说我们只追求一种情绪，永远快乐的人生也未免太平淡。因为痛苦也是生命的一个重要成分，也能使灵魂升华。

其中，在所有令人痛苦的情绪中，愤怒似乎是最难摆脱的一个，是人类最不善于控制的情绪，也是最具诱惑性的负面情绪。因为愤怒能带给人以力量，甚至是激昂的生命力。正因为如此，一般人常说愤怒是无法控制的，或者说愤怒是健康的宣泄，根本不应加以克制。但大量研究结果证明这种看法大错特错。因为愤怒时人们会变得毫无宽恕能力，甚至不可理喻，思想尽是围绕着报复打转，根本不计任何后果。

熄灭沸腾怒火的最好办法，一是谅解的心，谅解是最佳的灭火剂；二是独处，让怒气冷却，如独自走一走，做深呼吸或放松肌肉，以使身体从愤怒的高度警戒状态改变过来，使注意力从愤怒的原因中转移出来。

美国著名投资家沃伦·巴菲特在谈到自己成功的原因时说：我的成功并非源于我的高智商，最重要的是理性。

坦率处世，消除不良的情绪

如果一个人的各种不良情绪长期重复，恶性循环，就会使人感到忧心、沮丧、烦躁、愤怒，时间一长，便可能会出现恐惧症、偏执、强迫行为、惊慌失措等症状。

美国生理学家爱尔·马认为：气愤是人类死亡的重要原因。实验表明，人在盛怒时，呼出的气体液化成水，呈紫色沉淀状。把这种"生气水"注射到老鼠身上，老鼠几分钟后就会死亡。实验结果表明，人生气十分钟耗费掉的精力，不亚于参加一次3000米赛跑；生气时人的生理反应剧烈，分泌物复杂且有毒性；经常生气的人很难健康，更难长寿。因此，爱尔·马郑重地告诫世人，尽量不要生气。

在人生道路上，无论遇到什么遭遇，都要坦然处之，不要长期处于不良情绪之中，更不要过于悲伤。"悲哀则心动，心动则五脏六腑皆摇"！世界著名的成功心理学家——美国的希尔博士说："播下一个行为，就收获一个习惯；播下一个习惯，就收获一种性格；播下一种性格，就会收获一种命运。"性格决定命运！想获得成功的人们，学会控制和消除你的不良情绪吧，只有这样，你才能拥有高情商，才能离成功越来越近。

| 温馨提示 |
WENXINTISHI

"孔明三气周郎"虽为演义传说，却也是有一定科学依据的。周瑜之所以嫉妒、容不下诸葛亮之才，与其情绪悲观、消极，不够坦率、豁达是分不开的。

自我激励，自我期待

所谓自我激励，即为服从某一目标而自我调动，指挥个人情绪的能力。而自我期待则为对某一目标的心理预期。

自我激励是无形的财富，是看不见的法宝。自我激励是一切内心要争取实现的条件，包括希望、愿望等所产生的一种动力，它是人类活动的一种内心状态。人的一切行为都是受到激励而产生的，而人类的这些行为都有一定的目的和目标，并且都是出于对某种需要的追求。因此，通过不断地自我激励，人就会有一股内在的动力，朝所期望的目标前进并最终达到目标。因此，自我激励在人走向成功的过程中起着引擎的作用。

集中注意力，自我把握、发挥创造性和积极性，将情绪专注于一个目标，这一自我激励的能力是绝对必要的。一个人在任何方面的成功，都必须有情绪的自我控制——延迟暂时的满足、压抑冲动。一般而言，具备自我激励能力的人，无论做什么事情都会更有效率、更富有成效。

在自我激励的指引下，能力差的人可以通过强烈的动机激发去弥补能力的不足，也可以靠自己强烈的进取心、过人的动机内驱力去取得与自身能力不相称的特殊成绩。同样，一个能力很强的人，如果缺乏自我激励，缺少实干的愿望，也可能一事无成。

自我激励能力强的人，会经过运用自我暗示或自治式的刺激，即用语言或其他方式对自己的知觉、思维、想象、情感、意志等方面的心理状态产生某种刺激。这种自我刺激是一种启示、提醒和指令，它会通知人注意什么、追求什么、致力于什么和怎样行动，因而它能影响并支配人的行为，这是自我激励能力强的人都拥有的一个看不见的法宝。

| 温馨提示 |
WENXINTISHI

事实证明，一个人只有能够自我激励，积极地投入热情去拼搏、进取不息，才能保证取得超出常人的理想成就。

善于调控好自我情绪

管理自我，调控自我的情绪，使之适时、适地、适度。这种对情绪的自我管理能力建立在自我觉知的基础上，是一种自我安慰，以有效地摆脱因失败而产生的焦虑、沮丧、激怒、烦恼等消极情绪侵袭的能力。如果这一能力低，就会使人总是陷于痛苦情绪的旋涡之中；反之，这一能力高，就可以使人从人生的逆境、挫折和失败中迅速跳出，从而走向胜利的彼岸。

生活中，人人都会遭遇挫折。"没有崎岖和坎坷就不叫攀登，没有烦恼和痛苦便不叫生活。"人人都难免遇到六失：失学、失业、失败、失意、失足、失恋。但"挫折和失败是兴奋剂，激人进取；失意和磨难是镇静剂，使人冷静"。

你也许有最高目标、最高理想，但记住，除非你去做，并百折不挠，否则什么也不会实现。

看看下面的记录：

亨利·福特，在成功之前因失败而破产过5次。

丘吉尔直到62岁才成为英国首相，那时他已经历过无数次的失败和挫折。他最伟大的贡献就是在他成为"年长公民"后完成的。

理查·巴哈的1万字故事书《天地一沙鸥》，曾先后被18位出版商否决，最后才由麦克米兰出版公司于1970年印行。而到了1975年，该书仅在美国便卖出了700万册。

在成功生活的公式中，百折不挠的坚毅是无可取代的。我们经常发现，许多失败的人都是有特殊天分的。也有许多人拥有许多大好的机会，只因为太快放弃而未能成功。天才视困难为机会，对他们而言，每次挫折和失败都是一个机会。18世纪英国政治家及作家爱德蒙·柏克说过："生活的战斗在大多数情况下都像攻占山头一样，如果不费吹灰之力便赢得它，就像打了一场没有光荣的仗。没有困难，就没有成功；没有奋斗，就没有成就。困难也许会吓阻懦弱的人，但对有决心和勇气的人而言，它是一种受欢迎的刺激。所有的生活经验都证明，那些阻挡人类进步的障碍，都会被坚定的言行，诚实、积极、坚韧以及克服困难的决心和勇敢克服。"巴尔扎克也曾经说过："世界上的事情永远不是绝对的，结果完全因人而异。苦难对于天才是一块垫脚石，对于能干的人是一笔财富，对于弱者是一个万丈深渊。"

自柏拉图起，管理自我的自制力作为一种高尚的人格品质便为人们所赞颂。"自制"（管理自我）的意思就是控制过激情绪，其核心是保持情感的平衡，而不是压制情感，因为每种情感都有其作用和意义。起伏波动的情绪使人生绚丽多彩，但需要保持平衡，即使积极情绪与消极情绪保持在适当的比例，这决定着个人的生活愉快与否。有人曾对人的心情状况做过研究。该研究人员让被研究者都带上提示器，不时提醒他们记录下自己当时的情绪。研究发现，人们要获得情感满足并不需要避免所有的不愉快情绪，只是不应让过激情绪控制并取代所有的愉快情绪。非常快活的人也有火冒三丈或十分抑郁的时候，但他们同时还保持着平衡，因而感到愉快和幸福。

人的情绪是时时刻刻都存在的，人们每时每刻总是处于某种情绪状态之中。当然，人们在今天清晨与明天清晨的心情可能截然不同，但人们数周或数月的情绪，大致反映了他们总的情绪状态。研究表明，就大多数人来讲，极强烈的情绪相对较少，一般处于一种中间状况，在情绪的水平线上略有波动。

人们时刻都要管理好自己的情绪，尤其是人生的一些关键时刻。永远记住：自己不愉快的情绪，只有靠自己去克服。遇到不愉快的事就生气，行为就容易失控。富兰克林曾说过："任何人生气都是有理由的，但很少有令人信服的理由。"而使自己心情愉快的基本心理技巧就是自我安慰。因此，在面对人生的大喜大悲、大起大落的时候，更要控制自己的情绪，以平衡的心态接受一切变化。

情商对人生发展的独特作用

青少年朋友：如果你想拥有不平凡的人生，成为命运的赢家，那么你就需要矢志不渝地用心去做。所谓用心，就是怀着不畏艰险、不达目的不罢休的信念，全身心地投入自己的思想和情感，积极进取，锲而不舍。用心，是对自我的挑战，是对命运的不屈服。用心，就是自我激励的情商的力量！

具有出众的智商，或许会成为人群中的智者。具备过人的情商，则一定会是人生中的胜者。青少年在成长过程中，自觉培养高情商，必能在未来开创出成才与成功的广阔空间。

情商是人生中的一种独特能力

情商是一种能力，是一种准确觉察、评价和表达情绪的能力，一种接近并产生感情以促进思维的能力，一种调节情绪以帮助情绪和智力发展的能力。对这种能力的运用就是一门艺术。

（1）情商具有评价与表达功能

情商首先表现为对自己和他人情绪的识别、评价和表达。也就是对自己的情绪能及时地识别，知道自己情绪产生的原因，还能通过言语和非言语的手段（如面部表情或手势），将自己的情绪准确地表达出来。

人们不仅能够觉察自己的情绪，而且能觉察他人的情绪，理解他人的态度，对他人的情绪做出准确地识别和评价。

这种能力对人类的生存和发展是很重要的，它使人们之间能相互理解，使人与人之间能和谐相处，有助于建立良好的人际关系。

在对他人情绪的识别、评价和表达这种情绪智力中，移情起着主要作用。所谓移情，就是了解他人的情绪，并能在内心亲自体验到这些情绪的能力。

（2）情商具有调节人的情绪的功能

具有高情商的人，在能够准确识别自我情绪的基础上，还能够通过一些认知和行为策略，有效地调整自己的情绪，使自己摆脱焦虑、忧郁、烦躁等不良情绪。

例如，有的人在跳舞时能体验到快乐的心境，找朋友谈心时可以产生积极的情感。人们在情绪不佳时，就可以采取这些方式回避消极的心境，使自己维持积极的情绪状态。

同时，人们也能在觉察和理解别人情绪的基础上，通过一些认知活动或行为策略，有效地调节和改变其他人的情绪反应。这种能力也是情商的体现。

（3）情商具有解决问题的能力

研究表明，情商在人们解决问题的过程中，能影响认知的效果。情绪的波动可以帮助人们思考未来，考虑各种可能的结果，帮助人们打破定势，或受到某种原型的启发，可以使人们创造性地解决问题。

茫然的情绪能打断正在发生的认知活动，但人们可以利用这种情绪，审视和调整内部或外部的要求，重新分配相应的注意力，把注意力集中于最重要的部分，从而抓住问题的关键来解决问题。

同时，情绪是一个基本的动机系统，它具有动力的作用，能激发动机来解决复杂的智力活动。充分发挥情绪在解决问题中的积极作用，也是一种情绪智力，在这方面每个人的情商也是不同的。

| 温馨提示 |
WENXINTISHI

要把这些不同的能力有机地结合在一起，可不是那么容易。但是情商能有效地发挥这种能力。所以有人说，情商是一种表达和调节情感的艺术。

情商是驾驭自我、影响他人的工具

现代社会是高速发展的社会，人们过的是快节奏的生活，承受高强度的工作负荷。复杂的人际关系、越来越激烈的竞争，使人们普遍感到心理压力很大。

天灾人祸，纷繁复杂的社会，若单纯依靠高智商应对显然力不从心，还必须拥有高情商，才能够适应社会，应对和处理好人生旅途中所遇到的各种困难、艰辛、意外与挫折，并抓住每一个争取进步和实现成功的契机。

有一家著名的美国咨询公司，重点服务于世界知名企业。该公司的一项调查曾引起全世界的关注，即分别对188家有影响力的公司的高级主管进行智商、情商与工作间关系的测试。结果显示，情商对工作的影响力是智商的9倍。

如果一个人的情商比较高的话，那么他就会有更高的吸引力、控制力和影响力，他的身边就会形成一个"磁场"。而这个"磁场"，就是一个人能够取得成功的一个基本要素。

下面就看一下"李宇春式优雅"，共同分享春春的超高情商。

2016年某盛典时，颁奖宣传片中李宇春居然被称为"男歌手"，要知道，在这样一个提前就进行过录制，彩排的盛典上，出现这种情况的概率应该为零，而事实上，当晚的现场错误百出，问题不断。

记者在盛典后台采访春春是如何看待这个事情的时候，主持人本想糊弄过去，可春春不卑不亢并且有礼地告诉记者，她会来回应这个问题，然后条理清晰，逻辑严谨的一一回应了记者的每一个提问。这次答记者问，让我们真正领略到"李宇春式优雅"，更让春春瞬间圈粉无数。

作为年轻人首先应该考虑好定位，自己是属于高情商还是高智商的人，战略上定好位后战术上分几步走就很容易达到了。

现在的中学生，不知道还有多少人知晓备受敬爱的周总理的一些幽默故事。在他的外交生涯中，他将自己的高智商与高情商完美结合，在多次外交活动中将别国不怀好意的刁难简单化解，赢来了别人的尊重。下面就是一个很好的例子：

1971年，基辛格博士为恢复中美外交关系秘密访华。在一次正式谈判尚未开始之前，基辛格突然向周恩来总理提出一个要求："尊敬的总理阁下，贵国马王堆一号汉墓的发掘成果震惊世界，那具女尸确是世界上少有的珍宝啊！本人受我国科学界知名人士的委托，想用一种地球上没有的物质来换取一些女尸周围的木炭，不知贵国愿意否？"周恩来总理听后，随口问道："国务卿阁下，不知贵国政府将用什么来交换？"基辛格说："月土，就是我国宇宙飞船从月球上带回的泥土，这应算是地球上没有的东西吧！"听了对方的要求，周围的陪同人员都觉得很尴尬：如果答应对方的提议，那么对我国的珍宝就是一种损害；如果不答应，似乎对两国的良好关系又会有所影响。可是，周总理没怎么思索，就给出了一番妙答。

周总理哈哈一笑："我道是什么呢，原来是我们祖宗脚下的东西。"基辛格一惊，疑惑地问道："怎么，你们早有人上了月球？什么时候？为什么不公布？"周恩来总理笑了笑，用手指着茶几上的一樽嫦娥奔月的牙雕，认真地对基辛格说："我们怎么没公布？早在五千多年前，我们就有一位嫦娥飞上了月亮，在月亮上建起了广寒宫住下了，我们还要派人去看她呢！怎么，这些在我国妇孺皆知的事情，你这个中国通还不知道？"周恩来总理机智而又幽默的回答，让博学多识的基辛格博士笑了。就这样，一时尴尬的局面，被周恩来总理在瞬间化解了。

这就是拥有高情商人的完美表现！他们能够最大限度地管理好自己的情绪，并且让周围的人受到积极的影响。如果青少年也能够提高自己的情商，让自己的高情商在日常生活中发挥积极的作用，以健康的精神状态感染、影响到他人，那就会成为同学中的偶像和明星。

成功与高情商紧密相连。正是认识清楚了自己高情商的优势，徐明在事业的路途上，才能够走得比别人更为顺利。

高情商者具有无穷的魅力

情商的高低表明了人们所站立的起点不同，高情商的人所站的位置相对更高，因此他们可以看得更远、更广。因为具有高情商，罗斯福没有只看到眼前的不幸而忘却了不懈的努力；因为拥有高情商，卡内基在枯燥的工作中努力寻找乐趣；也因为具备高情商，周恩来总理在他的外交中不逞一时的口舌之利，而是理智、有弹性地应对外来的言语之攻。

美国颇负盛名的总统罗斯福，小时候是一个脆弱胆小的男孩，脸上总是露出惊恐的表情，背诵时双腿发抖，嘴唇颤动，回答含糊不连贯。然而他的这些缺陷并没有使他自暴自弃，反而促使他更加努力地去奋斗，改善自我，提升自我。他的积极情商促成了他的奋斗精神，终于使他成为美国历史上杰出的总统。

钢铁大王安德鲁·卡内基从一个贫苦少年变成美国大富翁，凭借的也是他积极的情绪和涵养。他曾说："如果一个人不能在他的工作中找出点罗曼蒂克来，这不能怪罪于工作本身，而只能归罪于做这项工作的人。"

周恩来总理同样是一个高情商者。在国际交往中，他用他高超的外交艺术，用他的高情商，为我们打开了国际局面。

据说，在20世纪50年代的一次国际会议上，有人对周总理说，你们中国这么穷，还搞什么社会主义？言语之中带有明显的挑衅意味。

周总理平和地说："我们国家是很穷，一穷二白，我们整个中国的钱加起来只有18元8角8分。"此话一出，语惊四座：中国所有的钱加起来才18元8角8分，这是什么意思呢？

原来在当时的中国，100元、50元和20元一张的人民币都还未发行，最大数额的是10元的纸币，此外还有5元、2元、1元、5角、2角、1角、5分、2分和1分的，加起来就是18元8角8分。

而后，周总理话锋一转，讲述了缘何中国这么穷。他告诉大家："那是因为帝国主义列强的掠夺和封锁才造成了中国的一穷二白。虽然中国一穷二白，但是我们仍然要加快社会主义的建设。"

这里，周总理运用他的智慧，非常巧妙地以18元8角8分设置了一种悬念，引发大众的好奇心，然后再去进行阐释，让人恍然大悟。他没有直接去反驳，而是运用自己的高情商，既让对方容易接受，也在国际上树立了中国不屈不挠的形象。

周总理如此机智而巧妙地回答，闪烁着智慧之光。他的回答既明确地表明了我国的立场，同时也没有直接伤害到他人，而且也含蓄地反驳了对方。

情商决定了人的心理状态，拥有良好的状态才有良好的欲望，才能将一个人内在的其他能力发挥到极致。

| 温馨提示 |
WENXINTISHI

情商影响着人的一生，它在一个人的命运中具有决定性的作用，在人生各个领域中也就占据着更重要的地位。一位成功者可能不是聪明绝顶的天才，却必定是那些能调动自己情绪的高情商者。

情商在很大程度上决定着人生的未来

科学研究表明，一个人在人生的道路上最终能否成为一个成功的人、出色的人、有成就的人与幸福的人，并不完全取决于其智商。影响青少年将来成败的智商因素只占20%，而情商因素却占80%——成才=20%智商+80%情商。

一个人情商的高低可以反映出其控制自己情绪、承受外界压力、把握心理平衡的能力。科学家们经过各种测验和考察，证明了情商比智商对人更重要，它在很大程度上决定了一个人的婚姻、工作和整个人际关系的处理，甚至包括他的事业。情商的高低，可以决定一个人能否将包括智商在内的其他能力发挥到极致，从而决定他有多大的成就。

美国的心理学家曾对1000多位高智商儿童进行了长达五十年的追踪研究，他们发现，其中有的人在未来获得了很大的成功，而另一些人在未来则很平庸。心理学家根据这些人获得成就的大小把他们分为"有成就组"与"无成就组"两组。

这两组人在儿童时期的智力水平相近，五十年后的智商仍高于一般人，那么为什么一组有成就，而另一组无成就呢？两组人之间最令人注目的差异就在于他们的意志品质。"有成就组"的人意志顽强，对认定的目标执着追求，遇到挫折也毫不动摇；而"无成就组"的人则意志薄弱，遇到困难就退缩不前，总是消极地坐等机遇的光临。

可以说，一个人是否能成才，并不取决于他是否有高智商，而是取决于他是否有高情商，而高情商是需要后天培养的。

曾位居世界首富的智商天才比尔·盖茨，其情商同样很高。

曾经有人这样问比尔·盖茨："盖茨先生，如果你离开现在的微软公司，你能再创造一个微软公司吗？"

"当然可以！"比尔·盖茨说，"但是有一个条件，我得带走公司的100个人。"

比尔·盖茨并没有说要带走厂房、机器和设备，而是要带走100个高素质的人才。可见，他重视的不是物质利益，而是宝贵的人才。他带走这些人才，就能领导他们创造出另一个神话。

这就体现了他较高的情商——知道团体合作的重要性，知道仅凭一己之力是无法重整江山的。比尔·盖茨之所以能创出一番成就，就是因为他懂得如何运用自己的情商，运用自己杰出的团队领导能力，让更多的人为他创造更多的物质利益。

此外，他的高情商还体现在人情味的管理方式上。他提出"我享受一切"的口号，员工的衣服上也印有"你们是我最好的朋友"的字样；比尔·盖茨还为员工安排了高档的健身房、舒适的咖啡屋。这种人情味的管理方式，使得员工愿意加班加点地为比尔·盖茨工作，且从不抱怨。当管理者的情商高了，他的影响力和人格魅力自然也跟着提高，如此，他的事业就没有做不好的道理了。

很多事实可以证明：情商在很大程度上决定人生的走向，甚至决定人生的成败。在许多有成就的人当中，有相当一部分人，没有较全面的知识结构，也没有较高的学历，但他们充分地发挥了他们的情商，最后也获得了成功。

┃温馨提示┃
WENXINTISHI

情商属于非智力因素的范畴，是指与认识没有直接关系的情感、意志、兴趣、性格、需要、动机、目标、抱负、信念、世界观等方面。这些非智力因素往往更能影响一个人的成才。

低情商阻碍人生事业的发展

　　情商反映了一个人如何认知并管理自己的情绪，认知他人的情绪，并善于利用这种情绪的特性来更好地与人沟通。专家的各种考察和测试，证明了情商对于一个人的健康成长，对一个人取得成功具有不可估量的重要作用。

　　汉斯是一家企业的总裁，他非常幸运地将自己的企业发展到相当繁荣的程度。但是突然之间，不知什么原因，他发现自己被孤立了。几乎是在同一时间里，他的下属、副总裁、董事会的所有成员都因为某些看起来还算正当的理由疏远他或者离他而去。

　　为此，他去咨询了一位朋友，这位朋友是相关方面的专家。在他诉说问题的时候，朋友发现，汉斯的问题在于：在他的企业成功运转之后，他开始把在对外竞争时使用的手段转而运用在公司内部，把全部的精力和心思都放在周围人的身上，而不是外部竞争上。

　　汉斯没有要伤害他们的意思，因为他们都是他最亲近的朋友。汉斯可以理解他与董事会之间的冲突，因为他的思想对于那些董事来说显得过于激进，但是他认为他的副总裁应该站在他这一边。

　　于是，这位专家朋友决定为他安排几次咨询。但后来发生了一件事：汉斯忘记了某次和这位朋友的约会，他想不起来他们早在几个礼拜之前就计划好的这项咨询事宜。好在当时他还带去了一位助手，助手证明了这件事的存在。但汉斯的问题出现了，即使有助手在他的身旁，他还是坚持拒绝接受他人的提醒。

"并不是我怀疑你的话，"汉斯坚持道，"但是我还是想更仔细地检查一下我的记录档案，我需要看到关于这件事的全部记录。"

朋友问道："汉斯，即使你怀疑我说的话，你怎么可以怀疑自己同事所说的话呢？"

"他人的记忆也有出现错误的时候。"汉斯答道。

在整个过程中，汉斯的态度表现出了对朋友的不信任，也表现出了对助手的不信任。

或许这种不信任的特质使得汉斯能够成功地击败竞争对手，但在企业内部却并不适用。正好比你可以熟练地使用一把斧头战胜战场上的敌人，但是如果对你身边的人也采取同样方式的话，难免会对他们造成伤害。

当汉斯如此固执地坚持自己的观点时，他是不可能意识到对方的感受的。或许汉斯只不过是想确定他自己是对的，他承受着巨大的压力，在他的生活中他从来没有感到这么孤独和脆弱，而这一切竟然都发生在他卓有成效的时候，但他看待事情的这种态度无疑会伤害到跟他交往、合作的伙伴。而这些都源于汉斯的情商不高。

生活中或工作中，有很多人就像汉斯一样，他们在工作上的处理能力或许无可挑剔，因而为他们赢得了颇为成功的事业。但他们忽视了合作伙伴们的情绪状态，忽视了自己对同事、下属的沟通方式对于他人可能产生的影响，因而使他们渐失人心。而等到他们深刻意识到这个问题并在朋友的指导下逐渐改善之后，问题也就迎刃而解了。可见，情商对于一个人成败的重要影响。

在世界历史的舞台上，智商一般但情商很高的人在事业上取得成功的例子比比皆是。美国总统富兰克林、华盛顿和罗斯福都是二流智商、一流情商的代表人物；肯尼迪和里根智商只属中流，但却因为善于交朋结友而被许多美国人誉为"最优秀、最可亲的领袖"；而自小就有"神童"之称的尼克松、威尔逊和胡佛，却由于不善于与他人合作而声望不高。

温馨提示
WENXINTISHI

　　情商不仅影响着个人的发展，个人情商的发挥在很大程度上还决定了一个企业、一个社会甚至是一个国家的命运。

提高情商从认识自我开始

认识自我是一个人对自己身心状况的认识，包括对自己的生理状况、心理特点、品德状况、学业水平以及与他人关系等的认识。

古人说：知人者胜，自知者强。不自知无以知人。显然，认识自我是至关重要的。高情商，首先来自对自我的正确认识、准确评估和全面了解。这是青少年最难做到也是最应做到的，是成才素质之首要。

人贵有自知之明

中国有句古训："人贵有自知之明。"意思是，一个人最值得称道的地方是自己能够正确地认识自己。用现代人的说法就是，每个人都需要对自己有一个了解，能够认识到自己的长处和短处，才算得上聪明。

有这样一则寓言故事。

古时候，楚庄王想去讨伐越国。有一个名叫杜子的人劝阻他说："大王要攻打越国，为的是什么？"楚庄王说："因为越国现在政治混乱，兵力疲弱！"杜子又说："一个人的智慧就好比人的眼睛，能够看清楚很远的地方，却始终无法看见自己的眼睫毛。大王的军队自从被秦国打败，已经丧失了许多的国土，这是国家的兵力疲弱；有人在国内造反，官吏却无法禁止，这是政治混乱。目前，楚国兵弱政乱的情况与越国不相上下，而您还要出兵攻打它，这难道不是看不到自己的弱点？"于是，楚庄王取消了攻打越国的计划。

由此可见，古时候的人们都很重视对自己的正确认识，也就是说"人贵有自知之明"。没有自知，就不能自胜。每个人都要认识自己，通过各种方法了解自己，找准自己的位置和方向。"不识庐山真面目，只缘身在此山中"，认识自己，首先要自己跳出"庐山"，以旁观者的眼光分析和审视自己。

一个人只有认识自己，才能改变自己，进而去改变世界。如果对自己都不甚明了，人生必定是迷茫的，何谈改变自己和世界？相反，在生活中还会经常碰壁。认识自己，有自知之明，是人生必经的修炼课，是通向理智和成熟的桥梁。

每个人的性格中，都有正面的——优点、长处，同时也有负面的——缺点、短处。清醒又全面地认识自己，既看到正面的，又看到负面的，硬是去改改"难易"的秉性，才能够扬长避短，取长补短，从而做到趋利避害。在漫长的人生历程中，青少年必须学会正确地认识自己。对自己估计过高，会脱离现实，守着幻想度日，怨天尤人，怀才不遇，结果小事不去做，大事做不来，一事无成；对自己估计过低，会产生强烈的自卑感，导致自暴自弃，明明能干得很好的事也不敢去试，最后抱憾终生。倘若能正确认识自己，面临成功就不会忘乎所以，瞧不起别人；遇到挫折失败也不会丧失信心，只能更加谦虚、更加勤奋。

青少年要正确认识自己，看清楚自己，分析自己，把自己摆正放平。要有一个平常人的心态，要学会用变化的眼光看世界，理性看待别人。要学会放松自己，用理智去分析某些事情原因的所在，做到心宽量大，对任何事情都要学会换位思考。只有有自知之明，才能使自己走出困境，看到光明，才能使自己的生活更加丰富多彩和幸福快乐。

温馨提示
WENXINTISHI

自知者明，明在知己之长，也知己之短，更知世事艰难。明于选择，懂得放弃，顺乎生活，才可能少走弯路而有所作为。

认识自我有助于人生的发展

从心理学的角度来说，只有认知自我，才能发展自我，才能使自我正确地成长。所以，只有形成良好的自我意识，才能使自我价值得以实现。

"自我意识"最重要的，是自律及对自身的监控。这种自律及监控作用表现在以下几个方面：

（1）给自己准确定位

自我意识会促使你不断思索"我"是怎样一个人、"我"跟外界有什么关系、"我"怎样做才合适、"我"的优点是什么、"我"的缺点是什么、"我"与别人比较是好一些还是差一些……这就是在认识自我，评价自我。人随着年龄的增长，自我意识水平会不断提高，对自己的认识和评价越来越趋于客观、准确，从而找到自己在社会生活中合适的位置。

（2）确定自己努力的方向

每个人都有不断进步的追求，都希望更多地得到别人的肯定和承认。因此，青少年在认识、评价自己的同时也在选择自己努力的方向。

（3）调节、控制自己的行为

自我意识能及时调节和控制自己的行为。说什么、怎么说，做什么、怎么做，这些言行的内容和方式都会得到自我意识的及时调节和控制。

每一个人都应当了解自己的价值所在，对于正在形成自己人格的青少年来说，认识自己的价值同样是必需的。

有一个孤独的男孩，悲观地问年长的智者："像我这样没人看得起的孩子，活着究竟有什么意思？生命的价值又在哪里呢？"

智者递给男孩一块色彩斑斓的石头，并对他说："明天早上，你拿着这块石头到市场上去卖。要记住，不论别人出多少钱，你都不能卖。"

男孩满腹狐疑，但他还是照做了。

第二天，男孩蹲在市场的角落里卖那块石头。男孩心想，一块石头会有人来买它吗？

让男孩意外的是，竟然有好多人向他买那块石头，而且价格越来越高。但是，男孩都不肯卖。

傍晚，男孩兴奋地向智者报告："想不到一块石头值那么多钱！"

智者笑了笑，说："明天你再拿到黄金市场上去卖。记住，不论人家出多少钱你都不能卖。"

在黄金市场上，有人出的价比头天的价格要高出10倍，男孩感到非常惊讶。

第三天，智者叫男孩拿着石头再到宝石市场去展示，结果，石头的身价又翻了10倍。由于男孩不管人家出什么价钱都不肯卖，这块石头被人们视为"稀世珍宝"。

男孩对此大惑不解。后来，智者语重心长地对男孩说："孩子，人的生命价值就像这块石头一样，在不同的环境下就会有不同的意义，你明白吗？"

由此，男孩才真正懂得这样一个道理：一块不起眼的石头，由于自己珍惜它而提升了它的价值，被说成是稀世珍宝。其实，人就像这石头一样，只要自己看重自己、热爱自己，生命就会有意义、有价值。

温馨提示 | WENXINTISHI

在古希腊的奥林匹斯山上有一座神殿，神殿里有一块石碑，上面写着："人，认识你自己。"卢梭称这一碑铭"比伦理学家们的一切巨著都更为重要、更为深奥"。

正确地评价自己

正确地评价自己，是获得成功的基本条件之一。成功的人总是首先在心里确认自己存在的价值，总是会认为："我喜欢我自己，我就是我。没有比这更美好的了，包括我的成长。我因为我就是我自己而庆幸。无论我生在什么时代，我都不愿成为别的什么人，而只愿成为自己。"很多青少年在认识自己的过程中，往往错误地评价了自己。对自己做出过高估计的人，自尊心往往比较强。但是，过高地评价自己，容易目中无人，失去朋友。

有这样一个寓言故事。

夏天的傍晚，一只老鼠惊醒了狮子的美梦。愤怒的狮子原本想用它那巨大的爪子把老鼠拍死，可看到老鼠那副可怜样儿，最终还是放了它。于是老鼠向狮子许诺说，将来一定会报答狮子的大恩的。对此，狮子一笑置之，根本就没有把老鼠的话放在心上。

不久以后，狮子在丛林中觅食，不慎落入了猎人的大网。它想尽各种办法做最后的挣扎，可就是无法从网中逃脱。绝望中的狮子只好大声吼叫起来，它的叫声引来了那只曾经被自己饶过一命的小老鼠。

老鼠兑现了它的承诺，它一边宽慰深陷困境的狮子，一边拼命地啃咬着编织网的那些粗绳子。没有多长时间，狮子就在老鼠的帮助下摆脱了大网，保住了性命。曾经被狮子认为可怜的老鼠，如今却救了这只可怜的狮子。

狮子对自己评价过高，差点因此丢了性命。相反，如果对自己的评价过低，也会对自己造成伤害。

有这样一个童话故事：

有一位漂亮的长发公主，在她很小的时候就被巫婆关在一座高塔里。巫婆为了防止她逃跑，就每天对她说："你的样子丑极了，见到你的人都会嘲笑你的，所以你一定不要出去。"公主相信了巫婆的话，怕被别人嘲笑，因此从来不敢从高塔里跑出去。直到有一天，一位骑着白马的王子经过塔下，惊叹于公主的美貌，并想办法把公主救了出来。

其实可以看出，囚禁公主的并不是什么高塔，也不是什么巫婆，而是公主认为"自己很丑"的错误观念。我们很多时候都是被先前错误的观念所蒙蔽。因此，青少年要学会客观地认识、评价自己，正确地进行自我分析，这才是找到真正自我的关键。

那么，如何才能对自己做出正确的评价呢？

（1）以人为镜

他人就像一面镜子，你可以通过与同伴的比较，找出自己的位置，来了解自己。这种比较虽常常带有主观色彩，但却是评价自己的常用方法。不过在比较时要寻找成长环境、心理条件与自己相近的人来比较，这样才会比较符合自己的真实水平。

（2）听听别人的说法

他人的评价比自己的主观评价具有更大的客观性，如果自我评价与周围人的评价相差过大，则表明自我评价上有偏差，需要调整。当然，他人评价比自己的主观认识具有更大的客观性，如果自我评价与周围人的评价有较大的相似性，则表明自己的自我认识能力较好、较成熟；如果客观评价与自己的评价相差过大，则表明自己在自我认知上有偏差，需要调整。

（3）亲自实践

通过亲自实践，对自己做出的评价才是比较客观、正确的。

因此，一定要通过自己成功或失败的经验教训来发现自己的特点，在自我反思和自我检查中重新认识自我，认识自己的长处和短处，把握自己的生活方向。

| 温馨提示 |
WENXINTISHI

如果不能肯定自己是否具有某方面的才能，不妨寻找机会表现一番，从中得到验证。

借助他人，客观地认识自己

一个具有高情商的人，往往对自己的情绪有着较高的认知和监控能力。如果你想在人生的舞台上扮演成功者的角色，就必须具有这种能力。要相信，世界上没有天生的伟人，也没有天生的笨蛋。伟人之所以成为伟人，凡人之所以只是凡人，其中都有其踪迹和因由可寻。

有的青少年经常会自怨自艾："唉，我真笨！""为什么我总是给别人造成困扰，带去麻烦？""也许我真是这样的人，什么都不行。"……此类消极的情绪，说到底是一种逃避。如果一个人根本不能站在客观的立场完全面对自己和分析问题，针对的只是自己而不是所做的事，又如何能够完全地认识自己、了解自己呢？

爱玛大学毕业后在一家进出口贸易公司当行政助理，因为不太爱说话，她的工作进展并不顺利。因此她变得越来越内向，不愿意与人沟通，不相信别人，但在一些具体工作的细节上又特别苛求。如此一来，同事们都不太愿意与她共事。

在一位好友的建议下，她敲开了一家心理咨询工作室的大门。

心理学家在听了爱玛支支吾吾的两三句话后，一语道破她的症结所在：你不太相信别人，只相信自己，你认为只有自己才是完美的。

接下来，心理学家进一步给她作出了诊断并开出了药方：

你是一个非常聪明的人，对人生和事业都充满了好奇，但你又是一个很苛求的人，对自己、对他人都有很高的要求，是个完美主义者。所以，你不适合从事需要较多与人沟通的工作，你可以去尝试一些相对独立的职业。

一年后，爱玛再次坐在这家心理咨询工作室里时，简直与以前判若两人。原来，自从一年前接受了心理学家的建议后，爱玛对自己有了更客观的认识。她根据对自己新的了解，进而对自己进行了重新定位，跳槽去了一家平面广告设计公司。凭着扎实的美术功底和苛求自己的精神，由她设计的广告频频受到客户的赞扬，她已升职为设计部主管了。

每个人不可避免地会由于内心情绪的波动而失去客观的立场，这时候的你往往无法冷静地看事情、想问题，对自我的认识也就难免出现偏差，以至于你的行为或多或少都因带有主观情绪而有失偏颇，周旋在失败的左右。通过借助他人、旁观者的立场，可以更清晰、更客观地了解自己。

为自己的未来把脉

一个能够清楚地认识自己的人，在做具体的事情时，才能最好地调动自身有利的资源和特性。然而，人最难做的事情也正是认清自己。很多人不清楚自己到底是个什么样的人，不知道自己的优点和弱点是什么，因而在做事时总是感觉不能得心应手。这种自我认知能力的缺失，应该说也是情商不高的一种表现。

有时候，很多青少年看着别人做事十分成功，心生羡慕，便盲目效仿，结果却换来一个不完满的结局。原因何在？道理很简单：尺有所短，寸有所长。人各有各的长处和短处，不弄清自己的优势和劣势，盲目与别人攀比、竞争，是最愚蠢的行为。下面这则寓言故事，虽然发生在动物王国，但也正是很多人的真实写照。

在动物王国，乌鸦和兔子很要好，总是形影不离。一天，乌鸦坐在树上无所事事地唱歌。兔子看见乌鸦闲适的样子，就问："我能像你一样整天坐在那里，什么事也不干吗？"乌鸦答道："当然啦，为什么不呢？"于是，兔子便坐在树下，开始休息。正在兔子享受着安逸的无所事事的生活时，一只狐狸瞬间出现，将兔子叼进了自己的口中，兔子成了狐狸的美餐。

这个寓言故事中那只愚昧的小兔子，可以说正是很多青少年的写照。他们不清楚自己的长处和短处是什么，拿自己的短处和别人的长处来作比较，盲目效仿别人，结果得到的是一个悲惨的结局。这不能不说是一种悲哀。

兔子没办法爬树，最擅长的是跑动，如果不跑步，丢失自己最大的优点，而模仿别人静坐，就是暴露了自己最大的短处，也难怪成为狐狸嘴里的食物了。可是，聪明的人就不会这样做。聪明的人会认清自己的优点和弱点，扬长避短，让自己的价值得到最大程度的体现。

只有充分认清自己的优势和劣势，才能理智地选择最适合自己的路，选择最适合自己的项目，将自己的优点发挥到极致，创造出最大的价值。

在一个普通的家庭里有两个孩子，他们都具有出色的艺术天赋，但他们各有志向：一个立志做音乐家，一个立志成为画家。不幸的是，在童年时期，两人双双遭遇不幸，前者双耳失聪，后者双目失明。在两个人遭受毁灭性打击的时候，母亲对他们说："你们为什么不互相换一下志向呢？"两个孩子采纳了母亲的建议。前者听不到任何声音，但这使他在作画时能百分之百地集中精力，最后成了杰出的画家。后者看不到任何东西，但这使他能比别人更专注于倾听，最后成了伟大的音乐家。仅仅是根据自己不同的长处而改变了一下梦想，就成就了两个辉煌的人生。

诚然，两个孩子有一个伟大的母亲！而我们，更需要这样一个伟大的自己，能够扬长避短地为自己的未来把脉。

| 温馨提示 |
WENXINTISHI

其实，如果你是一个善于观察的人，从我们周围的景物中，你都可以体会到这种最简单的人生哲学：给自己一个明确的定位，发挥自己的优势，做好自己的事情，那么，你就会成功。

培养自己的独立性格

能够理性地对待父母给予的爱，并且能够尽自己所能培养自己的独立性格的青少年，无疑是优秀的。因为这样的青少年懂得什么样的爱是自己需要得到的，更懂得拒绝多余的爱，他们不会被一些多余的情感束缚住自己的潜能。

成长，是一个由简到繁、由小到大的过程。青少年的确依赖成年人，又独立于成年人。但独立能力不是天生的，青少年不可能一直受到父母无微不至的保护，而一旦父母放开手之后青少年就有可能一切都做不好。在这个过程中，青少年需要爸爸妈妈逐渐给他们更多的自主机会、更多的挫折教育。在自主成长、克服困难的过程中，青少年才会渐渐地羽翼丰满，飞得更高。

有这样一则真实的故事：

在美国的一所学校里，老师布置了一篇作文，让学生表达一下自己长大后想干什么。在听到老师布置的作文题目后，一个男生十分兴奋，于是他很认真地写了一篇长达7页的作文，全面地描绘了他的目标——拥有自己的牧场，他甚至画了一张牧场平面图。他将作文交给老师后，得到的却是最差等级"E"。老师说："对你这样的孩子，这是一个不切实际的梦想。你来自一个四处漂泊、居无定所的家庭，你没有经济来源，而拥有一个牧场是需要很多钱的，你没有办法做到这一切。"男孩听到老师的评语之后十分失望，感觉自己热切的心被泼了一盆冷水。

晚上，这个小男孩儿回到家，痛苦地思索了很久，拿着自己的作文给他的父亲看。父亲看完后，他问父亲该怎么办。父亲说："孩子，这件事你得自己决定。因为它是你的梦想，你有权利放弃，也有权利继续向前奋斗，直到完成自己的梦想。如果你想放弃，就如你老师说的那样，你就永远无法完成它，它就的确只是一纸空文；如果你选择坚持，那么，它就有可能成为现实。"听了父亲的话，男孩儿考虑了整整一周，还是将原来那篇作文交了上去，没有改动一个字。他对老师说："你可以保留那个E，我将继续我的梦想。"十多年后，这个男生——蒙地·罗伯茨终于如愿以偿，成了美国圣伊德罗牧马场的主人。他将他曾经写在纸上的长达7页的梦想，完全变成了现实，让当年的老师刮目相看。

这就是自我独立与奋斗的力量！扬起生活的风帆，航行在浩瀚无垠的大海上。茫茫海面，等待我们的将是惊涛骇浪，勇敢地接受阳光的抚摸、风雨的洗礼，让心灵得到净化；面对狂风大浪、风雨交加，百折不挠，因为我们从青少年时期起就要学习做乘风破浪的勇士。我们要坚信，雨后见彩虹，生命之舟终将驶向成功的彼岸。

可能对于青少年来说，最大的挫折往往来自学习。很多青少年心里都有一种压抑的情愫。面对父母所要求达到的学习成绩，面对老师那时时刻刻的严肃叮咛与鞭策，面对试卷上那一个个不甘又无奈的分数，面对背后尖刻刺耳的人言，面对风雨中狼狈的自己，面对一次次严峻的考试，面对命运一次次无情的挑战……精神脆弱的青少年会无所适从。

其实，青少年要知道，付出和回报并不是一台天平，付出了并不一定有回报，但要得到回报就必定得付出。在任何时候，遇到困难时，请先不要哭泣，你要对自己说，这是你的选择。走自己的路，可以哭泣，但是不能放弃。也许在风雨交加中，会有落魄不堪的身影，但是我们绝不后悔，因为生命中正是拥有了波澜起伏，才能体现出自我价值，那才是真正的人生。

| 温馨提示 |
WENXINTISHI

任何人都会有遇到困难的时候，那些能够成功的人，都是在困难面前勇敢地对自己说"我能行"，并且坚决独立前行的人。

进行有效的自我暗示

不少人认为，自己的贫穷或失败是"命运使然"，自己再怎么做都没有用，从而灰心断念，不再做积极的努力。实际上，这些人是由于无意识中被潜在心理否定，因而制造了自己的"不幸"。相反，使用自我暗示把积极的意识灌进潜在意识中，赚钱也好，做什么也好，都能够得心应手。

暗示有着不可思议的巨大力量，它对人的潜意识的影响有着无法替代的作用。有时，它甚至超出人们自身的控制能力，能够直接指导人们的心理和行为。心理学家普拉诺夫认为，暗示可以使人的心境、兴趣、情绪、爱好、心愿等方面发生变化，从而又使人的某些生理功能、健康状况、工作能力发生变化。暗示往往会使别人不自觉地按照一定的方式行动，或者不假思索地接受一定的意见和信念。

所以，积极健康的暗示能把青少年引向美好的"天堂"，而消极有害的暗示却只能把青少年拖进可怕的"地狱"。青少年在平时一定要给予自己肯定，以积极的心态面对一切。

| 温馨提示 |
WENXINTISHI

科学家对那些成就非凡的人做过很多研究，结果表明，他们在关键时刻都能进行积极的自我暗示，都能自己给自己增强信心，因此他们战胜了无数的困难，获得了成功。

自我激励：找到人生内在推动力

　　生活是最好的老师。它会经常用苦难来鞭策我们振作起来，经常用悲伤来点化我们解脱心灵，经常用逆境来称量我们的信心和勇气。凡是经受不住这种考验的人，都难以从生活中得到更多的回报。高情商的人，之所以是生活考验的"高才生"，正是由于找到了推动人生不断进取、不断突破的前进的动力，这就是自我激励。

自我激励，形成人生无形的财富

很多人都读过本杰明·富兰克林的自传，如果善于运用富兰克林的成功原则，那么对人生的发展大有裨益。美国人弗兰克·伯特久就是这样的一个人。

在这之前，伯特久由于遭到了困难，他的事业失败了，于是他努力寻求一个实际适用的公式，以帮助自己重整旗鼓。由于他知道他所要寻求的是什么，于是他便发觉了富兰克林的秘密。

富兰克林说，他的一切成功和幸福，都是受益于一个观念，一个有关个人成就的公式。伯特久掌握了这个公式，并且应用了它，结果他把自己从失败提升到成功。

伯特久把他的目标，分别写在10张卡片上。第一张标题是"热诚"，自我激发词是：要变得热诚，行动须热诚。就像大教育家兼心理学家威廉·瓦特所证实的，感情是不受理智立即支配的，不过它们总是受行动的支配，而且这行动可以是实质的，也可以是心理的。在这种情况下，行动不论是实质的还是心理的，它都是领先于感情的。

我们现在举例说明，如何用富兰克林与伯特久两人的体系，激发每个人行动起来。

下面就是所应用的富兰克林与伯特久的方案——一种曾经激发数以千计的学生的方法。培训讲师用的是"热诚"那张卡片，以及自我激发词：要变得热诚，行动须热诚。培训讲师给学生一个简单有效的课题，每个人都可以很快地学会。

讲师："你想要变得热诚吗？"

学生："是的。"

讲师："学习这个自我激发词：要变得热诚，行动须热诚。重述一下这两句话。"

学生重复。

讲师："对！这两句话里的关键词是什么？"

学生："行动。"

讲师："对的。让我来解释这一句话的意义，这样你会学到其中的原则，能够叙述并且吸收到你自己的生活里去。倘使你要变得谨慎，你怎么办呢？"

学生："行动须谨慎。"

讲师："对的。倘使你要变得敏捷，你怎么办呢？"

学生："行动须敏捷。"

讲师："又是对的。倘使你要变得热诚，你怎么办呢？"

学生："要变得热诚，行动须热诚。"

讲师："我们现在可以将这个自我激发词，与任何适宜的德行或个人目的关联起来了。我们以'公正'为例子，卡片上写的是：要变得公正，行动须公正。"

而后，讲师继续讲解道：记住，某人的观念被你接受之后，它就变成你的观念，可供你应用了。你已拥有它！现在我要你用热诚的声调说话，我要你热诚地行动。要热诚地说话时，你应按下列各项来做：

（1）大声说话

倘使你感情上受到烦扰，倘使你在听众面前心生摇动，倘使你肚子里像有吊桶在七上八下，则这一项更是特别有必要。

（2）快快讲话

你这样做时，你的心神是在更快速地发挥它的功能。倘使你专心快读，你能够用目前读一本书的时间读两本书。

（3）强调

强调重要的字，对于你或对于你的听众重要的字，例如"你"字。

（4）犹豫

当你快速地讲话之际，遇到写出的文字中有句点、逗点或其他标点的地方，你得犹豫一下。这样你就运用了"沉默"——能使人注意的效果。倾听的人的心神会被你所发表的思想抓牢。在你希望强调的字后面略显得犹豫一些，能使你的"强调"有更突出的效果。

（5）在你的声音中保持点微笑

你这样做便在大声与快速讲话之中消除了那粗犷的成分。你要在声音中带点微笑，在脸庞上带点微笑，或者在眼睛里带点微笑。

（6）抑扬

无论讲话的时间是长还是短，音调与音量都可以调节。你可以时而大声讲话，时而改用交谈的语气，甚至必要时采用低声调。

激励也是人类活动的一种心理过程。一般来说，一切内心要争取的条件，包括希望、愿望、动力等都构成对人的激励。

激发自己的主人翁精神是找到自己人生推动力的途径。激发这种精神无形的生产力有以下三种力量：内在动力、外在压力、吸引力。三种力量中最稳定的是内在动力，也是一个人的主人翁精神。一个人一旦具有了主人翁精神，这种精神就会成为一种推动人前进的、积极的、稳定的力量，这个人就能够长期地保持其工作热情和工作积极性。相反，一个人若缺乏主人翁精神，只是靠外在的压力和某些东西的吸引去积极从事某项工作，那么这种积极性是不会持久的。

| 温馨提示 |
WENXINTISHI

自我激励能够使自己不断地具有内在的追求上进的动力。要到达成功的彼岸，除了自我激励外，还必须学会激励别人，众志成城，一起共乘成功之舟。

自我期待是自我激励的源泉

情商理论认为：自我激励从某种意义上说就是自我期待，人们激励自己的目的就是达到所期待的目标。

自我期待是自我激励的重要源泉。一个人只有有所期待，才会在实际行动中对自己进行激励。一旦这种期待消失了，自我激励也将不复存在。

古希腊有一则寓言：

一个塞浦路斯雕刻师，名字叫作皮格马利翁。他倾注了毕生的心血，废寝忘食、夜以继日地工作，用象牙雕刻了一尊爱神雕像。这尊雕像经过他的艰辛雕琢，因而显得神韵兼备、超凡脱俗。他不由得爱上了这尊雕像，逐渐相思成疾，憔悴不堪，最终奄奄一息。最后，他一再肯求维纳斯给这尊雕像以生命。维纳斯为他的痴迷所感动，终于同意他的请求。他如愿以偿，和有了生命的雕像结了婚。

皮格马利翁的故事被人们一直传诵至今，足见其对后人生活态度影响之深。心理学家还从这个故事中演绎出一个新的名词："皮格马利翁效应"。在自我塑造的过程中，每个人都是塑造自己的"皮格马利翁"。而在塑造的心理动机上，自我期待起了关键的推动作用。

玻尔从小就期待着成为一个出色的物理学家。可是他从小思维反应就异常迟钝。看电影时他的思路老是跟不上电影情节的发展，老是喋喋不休地向别人提问，弄得旁边的观众都讨厌透了。而且在科学问题上也是如此。一次，一位年轻的科学家向他介绍对某个量子论的新观点，大家都听懂了，可玻尔却没有听懂。年轻的科学家只好重新向他解释一遍。然而，玻尔并没有因此而降低对自己的期待值。他用勤学好问来弥补反应慢的缺点，对没懂的问题、没有理解的问题，他毫不掩饰，接二连三地提问，哪怕旁人讨厌，他也毫不在乎。他说，他"不怕在年轻人面前暴露自己的愚蠢"。这位"愚蠢"的科学家于1942年成为诺贝尔奖获得者。

这就是自我期待的巨大力量。期待实际上包含着两个方面：期望和等待。期望，正如居里夫人所说的那样："把生活变成梦想，再把梦想变成现实。"等待，又如安格尔所说的那样："我们必须等待，因为我们坚信：一切坚韧不拔的努力迟早会取得报酬的。"

培养自己积极的自我意识

积极的自我意识的形成虽然不是一两天的事情，但其中还是有一定的规律可循的。有规律，就有诀窍。遵循下面的诀窍或原则，你会发现在自我意识上会有可喜的进步。

（1）比别人更爱自己

首先，一个人应当比别人更喜欢自己。坦白地说，如果人决定出售自己的话，其价值至少值几千万元。当有了这笔巨额资本，你就会完全了解，如果没有你的允许，在这个世界上没有人能使你觉得低下。

有史以来，亿万人曾经生活在这个地球上，但从来未曾有过，也将永远不会有第二个你。你是地球上一个独特的、唯一的生物。这些特性赋予你极大的价值。因此，你应该倍加珍惜自己、爱护自己。

（2）避免庸俗就是接近高尚

进入你心灵的每一件事情都有一种效用，且会永远地被记录下来。它可能会有所创造，为你的未来成就打下基础；也可能会有所毁灭，从而降低你未来可能的成就。心理学家说，《巴黎最后的探戈》《大法师》，或任何影片或电视节目，在你的心灵上都会具有"跟自己身体上的一次真实体验"一样的心态、情绪与破坏性的冲动。看过这些的人都会有同感，他们在性方面会受到刺激，而且比较没有自尊。理由很简单，当你见到你的同胞如此下流时，你也见到了自己下流。值得讽刺的是，大部分X级影片都是打着"成年"娱乐的广告，名义上专供"成熟"的观众欣赏。而实际上，它们是青少年的娱乐，专供"未成熟"的观众欣赏。

（3）向曾经失败的成功者学习

小时候，爱迪生曾被老师视为劣等生，而且在他的电灯发明中，也曾失败了14 000次之多；林肯的失败是很有名的，但是没有人认为他是一个失败者；爱因斯坦也曾数学不及格。在美国90%的推销机构中，那些最成功的推销员比他们公司中大部分的推销员漏过更多的生意，这种情形有目共睹。实际上，这些人的成功都是由他们坚持不懈的努力所带来的。伟大的枪手跟渺小的枪手之间主要的差别，就在于伟大的枪手是一位在继续练习的渺小的枪手而已。

以上的例子和分析使我们深深地知道，成功者与失败者只有一个重要差别，那就是毅力。了解了这一点，你就不应该自卑，不应该跪下来仰视那些成功者，因为他们也失败过、沮丧过、自卑过。你与他们一样，一生下来就被赋予同等机遇、同等的成功权利。因此，具有积极的自我意识是你应有的能力，也是你具备的能力。

如果你有机会加入一个有目标的组织，那对于你提高自我意识将极有帮助。不仅该目标能引导你向良好方向发展，组织成员之间也会帮助你、引导你，而且你也就有了向失败者学习的机会，因为你有了更广泛的与人接触的机会。人人都会失败，但你要从失败者中学到的是他们如何走出失败的。这样你的自信意识就会大大提高。

（4）你认为你行你就行

在某件事情上，你也许会产生一种不可能、行不通的消极意识，这只能表示你对事物认识不深、经验不足，或是软弱退却，而绝不是真的不行。

爱迪生说过："如果我们能做到所有我们能做的事，我们会使自己大感惊奇。"你使自己惊奇过吗？每个人都有创造的潜能，不论遇到什么困难、危机，只要冷静而正确地思考，就能产生有效的行动，创造奇迹。你应相信自己的能力，你怎么样，事情就会怎么变。你要成为坚强、有才干的人，要成为真正的强人，创造出一番事业，就要记住这一成功准则——你认为你能就能。大声宣读这一准则，并一再把它注入我们的意识之中，要把"不"字从字典中去掉，从生活中抹去，从心智中铲除，谈话中不提它，想法中排除它，态度中去掉它、抛弃它，不再为它寻找"理由"、提供"原料"，不再为它寻找市场，而用坚定的"行"来代替它。

如果你面对问题时受到"不可能"观念的骚扰，你可以对所谓不可能的因素展开一次实事求是、客观的研究。结果你会发现，所谓的不可能，通常不过是源于对问题的情绪反应而已，而且你还会发现，只要以冷静、非情绪化的态度，运用智慧来审视所涉及的诸事，你通常能克服这些所谓的"不可能"。

我们可以为失败提出成千上万条理由，但应没有一条是"借口"。没有任何人和任何事可以击败你，只要你不被自己软弱的心智打败。

｜温馨提示｜
WENXINTISHI

当你在碰到同样的问题时，不妨用一句话来激励自己："我与那些成功者有同样的条件，他们能行，我也应该能行！"

用自我激励培养坚韧的意志

　　自我激励，即激发自己、鼓励自己，充实动力源，使自己的精神振作起来。自我激励之所以能够培养坚韧的意志，在于自我激励能够激发你成功的信心，从而使你具备勇往直前的动机。

　　在现代社会中，学会自我激励是很重要的，这是因为骤变的社会既为人们创造了大量的发展机会，也为人们设置了种种"陷阱"。人们在处于顺境时，一般容易兴高采烈，甚至忘乎所以；而当人们陷于逆境时，往往不知所措、消极悲观。想干一番事业，干出一点成绩来，也许就会有许多意想不到的事情发生。挫折、打击会突然降临到你的头上，流言蜚语、造谣中伤会接踵而来。此时尤其需要自我激励，使精神振作起来，使自己保持旺盛的斗志。

　　那么，青少年该怎样运用自我激励来培养坚韧的意志呢？

　　（1）必须学会正确认识自己

　　古人曰："君子不患人之不己知，患不自知也。"认识自己就是认识自己的长处和短处，不将长处当短处，不将短处当长处，绝不护短，绝不自己原谅自己。只有知道自己遭到失败、挫折的原因在哪儿，才会有的放矢地重新起步，也才有可能培养你的坚韧意志。

　　（2）要自己看得起自己

　　不要认为自己这也不行，那也不行，什么都干不了。一定要采取切实措施自己帮助自己，这是自我激励得以实现的重要手段。也就是说，在遇到挫折、失败之后，在认真吸取教训的基础上，重新设定奋斗目标，采取一些切实可行的措施，拟订具有可行性的计划，用一点一点的成绩来激励自己，脚踏实地，一步一步前进。

温馨提示
WENXINTISHI

只要你认真地抱着"我希望自己能成功"，或是"我希望自己成为首屈一指的人"的态度，你就一定能找到成功的方法。

塑造一个坚强、肯定的自我

塑造一个坚强、肯定的自我，其意义非凡。它将极大地促进你事业的发展，帮助你实现你的人生目标。一般而言，塑造一个坚强、肯定的自我，主要有如下一些途径：

（1）喜欢自己，相信自己

坚强、肯定的自我印象，可以造就能面对生活中任何困难和挫折的性格。一个人只要喜欢自己，相信自己，信任自己，就可以既成功又快乐，就可以用信心、希望和勇气去应对失望和令人丧失勇气的局面。

18世纪法国哲学家兼数学家巴斯葛说："老天给我们每个人都留了空处，如何去填补这个空处却是我们自己的选择。"一个人不要老说自己的坏话。经常说自己不好的人，最后就会对自己丧失信心，就会表现出自暴自弃。须知：一个人应当确信，天生我材必有用。

就自我而言，心理上积极的自我暗示是非常重要的，它能帮助自己走出困境。只要知道你在想什么，就知道你是怎样一个人，因为每个人的特性都是由思想造成的。我们的命运，完全决定于我们的心理状态。爱默生说："一个人就是他整天想的那些。"每个人都必须面对的最大问题，就是如何选择正确的思想。如果做到了这一点，就可以解决所有的问题。因为，如果我们想的都是快乐的念头，我们就能快乐；如果我们想的都是悲伤的事情，我们就会悲伤；如果我们老是想一些可怕的事情，我们就会害怕；如果我们总想一些不好的念头，我们就不可能心安理得；如果我们想的都是失败，我们就很难取得胜利；如果我们老是沉浸在自怜里，人们就必然会有意躲开我们。

（2）改进自己，习惯自己

想想你做过记号的那些你不喜欢并能改进的地方，着手去改进它们。

连根拔除所有的小气和报复心理。这种做法有些像铲除花园中的野草，你用不着研究它们从何而来或是如何生长的，只要把它们连根拔除。

狄斯累利（英国19世纪政治家兼小说家，担任过英国首相）有一次回答他为何会任命一个批评他批评得最厉害的人担任高官时说："我从不想以报复人来增加自己的麻烦！"正好像林肯的哲学："我绝不让任何人把我的灵魂拉低到仇恨的阶层中。"怨恨像肿瘤，它们会长大到最后吞噬你。

跟不诚宣战！自尊心较低的人喜欢用谎言来增强他们的信心，但谎言会有相反的效果。谎言不仅会降低你的自尊心，还会剥夺你的自尊自重，谎言一无是处。相反，诚实孕育很高的自尊心，诚实会使你赢得许多朋友。

让习惯为你所用，而不是成为阻挠你的力量！习惯是一种自动反应的动作。经常做某事，它就会成习惯。我们可以选择那些有利于自己成功的良好习惯，使之成为推动我们成长、进步的动力！

（3）始终充满自信心

自信心是人们从事一切活动获取成功所必需的前提。法国作家莫泊桑有一句名言："人是生活在希望中的。"希望是人生精神的寄托、生命的支柱。从心理学来说，希望是人类的一种心理活动。人为着生存和发展，就自然有许多愿望、向往，由此而产生实现愿望的行为。人们企求希望转化为现实，而促进这种转化的首要条件就是"自信"！自信表现为一种自我肯定、自我鼓励、自我强化，坚信自己一定能成功的情绪素养。没有自信心，就没有生活的热情和趣味，也就没有探索、拼搏的勇气和力量。从这个意义上说，没有信心也就没有了希望。"哀莫大于心死"说的就是这个道理。

18世纪末，只身探险航海之风席卷欧洲。几年中有100多名德国热血青年先后加入横渡大西洋的冒险行列，但这100多名青年均未生还。人们当时普遍认为：独自横渡大西洋是完全不可能的。这时，精神病学专家林德曼却宣布，他将只身横渡大西洋。原因是在医学实践中他发现，许多精神病人都是由于在某种外界压力之下，自身丧失信心而导致了自己的精神崩溃。林德曼为此想用自己做个实验，看看强化自信心对人的肌体和心理会产生什么样的效果。在他独舟出航十几天后，巨浪打断了桅杆，船舱进水。由于长时间的疲劳、睡眠不足，林德曼筋疲力尽，周身像撕裂一样疼痛，终于肌体失去了知觉而产生了幻觉，并出现死去比活着舒服的念头。这时，他马上对自己大声喊："懦夫，你想死在大海里吗？不！我一定要成功，我一定能成功！"在整个航行的日日夜夜，他将"我一定能成功"这句话同自身融为一体。正当人们认为林德曼也难以生还的时候，他却奇迹般地到达了大西洋的彼岸。事后他回忆说，以前的100多名青年之所以失败，不是由于船体被打翻，也不是生理机能到了极限，而是精神上的绝望。他更加确信：人们通过自我鼓励、自我强化完全可以战胜肉体上不能战胜的困难。

| 温馨提示 |
WENXINTISHI

相信自己能成功，鼓励自己走向成功，就会感到自己内在的振奋力量充分地显现出来，做什么事都感到力量倍增，轻而易举，甚至可以创造奇迹。

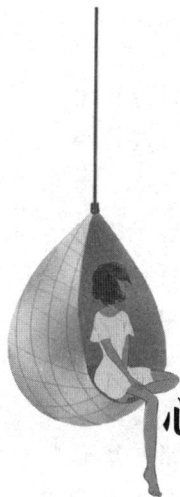

心态乐观：让前途充满光明和希望

　　人生太累，奔波忙碌的人们，往往会在一声叹息中停下歇歇。人生太苦，屡受创伤的人，往往会在擦拭一道道伤口中回头望望。人生太难，期待完美的人，往往会在一个个梦想破灭后仍在寻找。其实，人木不该如此，因为人生本不是这样。有了热忱与快乐，累会变得轻松，苦会变得甜蜜，难会变成推动人们迈向幸福人生的动力。

用乐观在荆棘中开辟新路

　　成功者不一定具有超常的智能，也大都没有特殊的机遇和优越的条件，更不是没有经历过挫折、艰险与失败。相反，成功者大都历经坎坷、命运多舛，是在不幸的境遇中奋起前行的人。

　　勇历艰险，不怕挫折，这是一切发展积极心态、有志于成功的人必修的一课。这一课只知道道理是很不够的，还要具有一种意识。我们在面临荆棘丛生的境遇时，立刻就要想到这里是摘取成功之花的必由之路。

　　相信自己成功，鼓励自己成功，就会感到自己内在的振奋力量充分地显现出来，做什么事都感到力量倍增，轻而易举，甚至在无比艰难的情况下，也可以创造奇迹。

　　有一位将军领兵要到前方作战，将军胸有成竹，充满信心，认为此战一定能够胜利。可是他的部下却不乐观，毫无必胜的把握。

　　将军眼见部下士气低落，心想怎么作战呢？于是有一天，将军集合所有将士，在一座寺庙前面告诉他们："各位部将，我们今天就要出阵了，究竟打胜仗还是败仗，我们请求神明帮我们做决定。我这里有一枚硬币，把它丢到地下，如果正面朝上，表示神明指示此战必定胜利；如果反面朝上，就表示这场战争将会失败。"

　　听了这番话，部将与士兵虔诚祈祷，磕头礼拜，求神明指示。

　　将军将这枚硬币朝空丢掷，结果正面朝上。大家一看非常欢喜振奋，认为神明指示这场战争必定胜利。

　　后来，部队开到前方，每个士兵都士气高昂、信心十足，他们奋勇作战，果真打了胜仗。班师回朝后，有位部将就对将军说，真感谢神明指示我们打了胜仗。此时那个将军才据实以告："不必感谢神明，其实应该感谢这枚硬币。"他把身上的这枚硬币掏出来给部将看，大家才发现原来硬币的两面都是正面。

乐观对人的信念非常重要，它能给人充足的自信和必胜的力量。所谓自助人助，自助天助。乐观是一个有志于缔造影响力的人最基本的素质，是获得成功的基石。

印第安纳州有一个名叫英格莱特的人，十年前，他得了一场大病，当他康复以后，却发现又得了肾脏病。他去找过好多个医生，但谁也没办法治好他的病。之后不久，他又患上了另外一种病，血压也高了起来。

有位医生据实告诉他说，患这种病的人离死亡不会太远，他建议英格莱特先生最好马上料理后事。

英格莱特只好回到家里，他弄清楚他所有的保险全都已经付过了，然后向上帝忏悔自己以前所犯过的各种错误，坐下来很难过地默默沉思。

家里人看到他那种痛苦的样子，都感到非常难过，他自己更是深深地陷入颓丧的情绪里。

这样，一周过去了，英格莱特先生对自己说：你这样子简直像个傻瓜。你在一年之内恐怕还不会死，那么趁你现在还活着的时候，为何不快乐一些呢？

他挺起胸膛，脸上开始绽出微笑，试着让自己表现出很轻松的样子。开始的时候，他极不习惯，但是他强迫自己很快乐。

接着他发现自己开始感觉好多了——几乎跟他装出的一样好。这种改进持续不断。他原以为自己早该躺在坟墓里，但现在，他不仅很快乐、很健康，活得好好的，而且他的血压也降下来了。

现在英格莱特先生自豪地说："有一件事我可以肯定的是：如果我一直想到会死、会垮掉的话，那位医生的预言就会实现。可是，我给自己的身体一个自行恢复的机会，别的什么都没有用，除非我乐观起来。"

是的，英格莱特现在之所以还活着，是因为他发现了乐观这个秘密。

用不同的目光看同样的事物，会有不同的思想，是正面的还是负面的，这要取决于个人的情商。个人的心态往往决定了事情的结果，人们在做事情时，首先要树立一个乐观的心态，不能让太多的阴云迷蒙了自己的心灵。

尽管世界上还有很多不尽如人意的事物存在，但是事情发展的总趋势还是和我们追求完美的理想和谐一致的。人们正是通过对不尽如人意的事物的不断克服和解决来发现、选择和创造美好的东西的，人们也正是通过遭受苦难和做出艰苦的努力来攀登幸福的巅峰的。所以不要为暂时看不见太阳而悲观丧气，丢掉了原本的好心情。耐心等待，总有乌云散尽的一天。

| 温馨提示 |
WENXINTISHI

成功者最可贵的信念和本事是永远保持乐观向上的成功心态，变压力为动力，从荆棘中开辟新路。

用乐观的思维创造快乐

顺利与挫折、成功与失败、幸福和不幸，人人都会遇到，然而有的人能经常保持乐观，而有的人则经常郁闷。之所以有不同的心态，关键在于人生的态度，在于不同的看问题的方法。

一个人听说来了一个乐观者，于是他去拜访乐观者。

乐观者乐呵呵地请他坐下，笑嘻嘻地听他提问。

"假如你一个朋友也没有，你还会高兴吗？"他问。

"当然，我会高兴地想，幸亏我没有的是朋友，而不是我自己。"

"假如你正行走间，突然掉进一个泥坑，出来后你成了一个脏兮兮的泥人，你还会快乐吗？"

"我还是会很高兴的，因为我掉进的只是一个泥坑，而不是万丈深渊。"

"假如你被人莫名其妙地打了一顿，你还会高兴吗？"

"当然，我会高兴地想，幸亏我只是被打了一顿，而没有被他们杀害。"

"假如你去拔牙，医生错拔了你的好牙而留下了患牙，你还高兴吗？"

"当然，我会高兴地想，幸亏他错拔的只是一颗牙，而不是我的内脏。"

"假如你正在睡觉，忽然来了一个人，在你面前用极难听的嗓音唱歌，你还会高兴吗？"

"当然，我会高兴地想，幸亏在这里号叫着的是一个人，而不是一匹狼。"

"假如你马上就要失去生命，你还会高兴吗？"

"当然，我会高兴地想，我终于高高兴兴地走完了人生之路，让我随着死神，高高兴兴地去参加另一个宴会吧。"

"这么说，生活中没有什么是可以令你痛苦的，生活永远是快乐组成的一连串乐符？"

"是的，只要你愿意，你就会在生活中发现和找到快乐——痛苦往往是不请自来，而快乐和幸福往往需要人们去发现、去寻找。"乐观者说。

从此，拜访乐观者的人也明白了这个道理，因而他的生活也充满了欢乐。

这里讲的虽然是一个故事，但它却道出了一个真理：你能否快乐，关键在于你的人生态度，在于你看问题的方法。

肯定人生，创造美好生活

肯定自己是一种属于互相交往、自我肯定、毫不畏惧地迈向人生的心态。在你的人生中应当是如此，在每一天的生活中，也应当是如此。

你不能逃避人生，不能抱怨人生，你要肯定人生。你不能逃避你的自我心相，不能弃绝你的自我心相；你要肯定你的自我心相，要知道：没有自我心相，就没有生命。

你必须相信你自己，相信人生的创造。下面是一个发生在美国内战期间的奇特故事。

玛丽·贝克·艾迪是基督教信仰疗法的创造人，当时她的生命中只有疾病、愁苦和不幸。

她的前任丈夫在婚后不久就去世了，第二任丈夫又抛弃了她。她只有一个儿子，却由于贫病交加，不得不在他4岁那年就把他送走了。她不知道儿子的下落，以后有三十一年之久都没有再见到他。

艾迪的健康情形不好，她一直对所谓的"信心治疗法"极感兴趣。她生命中戏剧化的转折点，却发生在麻省的理安市。

在一个很冷的日子里，她在城里走路时突然滑倒了，摔倒在结冰的路面上，而且昏了过去。她的脊椎受到了伤害，使她不停地痉挛。医生甚至认为她活不久，即使奇迹出现她能活下来，也绝对无法再行走了。

躺在一张病床上，艾迪打开了《圣经》。她后来说，她读到《马太福音》里的句子："有人用担架抬着一个瘫子到耶稣跟前，耶稣对瘫子说，放心吧，你的罪赦了……起来，拿你的褥子回家去吧。那人就站起来，回家去了。"

她后来说，耶稣的这几句话使她产生了一种力量、一种信仰、一种能够医治她的力量，她"立刻下了床，开始行走"。

"这种经验，"艾迪说，"就像引发牛顿灵感的那枚苹果一样，使我发现自己怎样地好了起来，以及怎样地也能使别人做到这一点……我可以很有信心地说：一切的原因就在你的思想，而一切的影响力都是心理现象。"

可见，当情绪低沉时，情商高的人善于给自己以积极暗示，帮助自己走出困境。

怎样成为快乐的有知识的人

有知识的人在一般人的眼里是有事业、有生活、有前途、有目标的。他们气质高雅，眼界开阔，处于生活的最高层，有着比一般人更多的机遇和挑战，享受的生活比一般人更充分，因此有知识的人应该是最快乐的人。然而，有知识的人的生活并非人人如此。

拥有最好的职位与最成功的事业的同时也免不了产生烦恼和困惑，因为责任越重挑战性就越强。进入新世纪，科学技术日新月异，思想观念不断解放和发展，无疑为有知识的人提供了史无前例的体现自身价值的更为广阔的天地。

那么，怎样成为一个快乐的有知识的人呢？

第一，转换角色观念和行为模式，营造良好心境，是有知识的人的必修课。心理学家有一个形象的说法："心境是被拉长了的情绪，它使人的其他一切体验和活动都留下明显的烙印。"俗话说，"人逢喜事精神爽"，良好心境使人有"万事如意"的感觉，遇事也能迎刃而解；消极的心境则使人消沉、厌烦，甚至思维迟钝。有知识的人因为有知识，所以最能成为快乐心境的主人。

要自觉地培养和掌握自己的心境，保持长久快乐，须谨记心理学家的十六字箴言："振奋精神，自得其乐，广泛爱好，乐于交往。"

如果你感到不快乐，那么你要找到快乐的方法，那就是振奋精神。常为自己的所有而高兴，不为自己的所无而忧虑，就是自得其乐的主要方法。培养多种业余爱好，可以陶冶情操，增加乐趣。广泛交友更是保持心境快乐必不可少的环节。

第二，只有心理健康的人才会拥有持久的快乐人生。怎样才算是心理健康的人，目前尚无统一和明确的标准。按心理学分析，可从心理统计、心理症状和内心体验三方面去认识。按社会学解释，则可以将解决生活中所面临的实际问题的能力作为标准。凡是能正确理解自己的社会角色、正确理解自己所处的社会环境、有能力解决自己所面临的问题、有一定目标并为之努力的有知识的人，一定是心理健康的人。

| 温馨提示 |
WENXINTISHI

面临新的发展机遇，有知识的人的责任更重，压力更大，健康内涵也更丰富。上帝是没有的，健康人生需要自己创造。

让自己快乐的几种窍门

快乐的心态是可以培养的。培养的方法也多种多样，每个人可以根据自己的情况选择合适的方法。重要的是贵在坚持，持之以恒。

你今天快乐吗？以下的方法，一定可以让你更快乐！

- 保持健康，有健康的身体才有快乐的心情。
- 充分休息，别透支你的体力。累则心烦，烦易生气。
- 适度运动，会使你身轻如燕，心情愉快。
- 爱你周围的人并使他们快乐。
- 用发自内心的微笑和人们打招呼，你将得到相同的回报。
- 遗忘令你不快乐的事，原谅令你不快乐的人。
- 真正地去关怀你的亲人、朋友、工作和四周细微的事物。
- 别对现实生活过于苛求，常存感激的心情。
- 享受人生，别把时间浪费在不必要的忧虑上。
- 身在福中能知福，也能忍受坏的际遇，且不忘记宽恕。
- 献身于你的工作，但别变成它的奴隶。
- 随时替自己创造一些容易实现的盼望。
- 每隔一阵子去过一天和平常方式不同的生活。
- 每天抽出一点时间，让自己澄心静虑，使心灵宁静。
- 回忆那些使你快乐的事。
- 凡事多往好处想。
- 为你的工作做妥善的计划，使你有剩余的时间和精力自由支配。
- 追求一些新的兴趣，但不是强迫自己去培养一种习惯。
- 抓住瞬间的灵感，好好利用，别轻易虚掷。
- 在生活中制造些有趣的小插曲，制造新鲜感。
- 如果心中不愉快，找个和平的方式发泄一下。
- 泡壶好茶，找三两知己，畅谈一番。
- 偶尔忘记你的计划或预算，随心所欲吧！
- 重新安排你的生活空间，使自己耳目一新。
- 搜集趣闻、笑话，并与你周围的人共享。
- 安排一个休假，和能使你快乐的人共度。

·去看部喜剧片，大笑一场。

·送自己一份礼物。

热忱是生命的原动力

热忱，就是一个人保持高度的自觉，就是把全身的每一个细胞都调动起来，完成自己内心渴望去完成的工作，做自己想做的事。只有用真正的热忱、用有生命力的语言表达出来的思想，才可能点燃生命中潜藏的原动力。

英国前首相狄斯雷利认为："一个人想成为伟人，唯一的途径便是：做任何事都要怀着热忱的心。"

美国大思想家爱默生也曾说过："伟大的事，没有一件可以没有热忱而能成就的。"

热忱的奇效在什么地方？在于它可以激发你不断追求成功的活力。

热忱就像金秋十月无私的阳光，既温暖了自己，也同样普照了他人。热忱会使你精神百倍，昂然奋进，会使你充分释放出身体里蕴含的能量，发掘自己巨大的潜能。

水一定要沸腾，才能转动机器，推动火车。每个成功的产生，必是热忱的产物。缺乏热忱，就像开一辆没有油的车，是无法走远的。同样的，人的态度若如温度不足的水，绝无法推动他们生命的火车前行。因此，你必须先沸腾自己的血液，才能推动自己的躯体。

把热忱和你的学习、工作结合在一起，那么，你的学习、工作将不会显得很辛苦或单调。热忱会使你的整个身体充满活力，会使你在睡眠时间不到平时一半的情况下，学习、工作量达到平时的2倍或3倍，而且还不会觉得疲倦。

古罗马哲学家德伦西说："凡简单的事，若因不乐意，则变得困难。"

要拥有热忱其实并不困难。你所需要的，就是采取热忱的行动，并且保持这种行动，直到你变得热情为止。美国心理学之父威廉·詹姆斯把这个原则形容为"好像"原则。这种方法很简单，只要用行动将自己假装成自己所希望的那种人，你就会逐渐地变成那种人。

如果你沮丧，就假装成很乐观，你便会开始觉得自己开朗起来。若是持续得够久，原本只是表现出开朗的样子，随后便在不知不觉中成为真正乐观、快乐的人。

将这个原则运用在增加热忱上，也有同样的效果。刚开始装成很热忱的样子时，效果可能不会很显著，甚至还感觉有点虚伪、不实在，怎么做都不觉得很热忱。但坚持下去，某一天你会突然觉得心中涌进了很多热忱。这就是"好像"原则的行为法则。

佛里德利·威尔森在被问到如何才能使事业成功时回答说："我深切地感受到，一个人的经验越多，对事业就越认真，这是大多数人最易忽略的成功秘诀。成功者和失败者的聪明才智相差并不大。如果两者实力相差无几的话，对工作较富有热忱的人，一定更容易获得成功。一个能力逊色但富有热忱的人和一个能力出众但缺乏热忱的人相比，前者的成功也多半会胜过后者。"

英国政治家格莱斯顿曾经说过，最有意义的事情莫过于把一个孩子内心潜藏的热忱激发出来。事实上，每一个孩子身上或多或少都有一些将来可以成就大器的潜质，不仅那些反应敏捷、聪明伶俐的孩子是这样，那些相对来说有些木讷，甚至看起来有些愚钝的孩子也有这样的潜质。他们一旦产生了热忱，凭借这种热忱的力量，原先人们在他们身上看到的"愚钝"也会慢慢消失。

英国作家约翰·班扬一生穷困潦倒。他曾有多次机会可以让自己获得自由。他曾不得不和双目失明的女儿玛丽分别，按他自己的说法，这就像从他身上撕下一块肉一样令他悲痛。他接济了一户穷苦人家，他们依赖他才能够生存。他热爱自由，也有很多抱负。但所有这一切并没有使他放弃布道的工作。他在幼年的时候曾受过一些教育，只是长大后几乎忘得一干二净了，但他又重新投入学习，开始阅读、写作。最终，这个来自贝德福德的补锅匠，虽然不名一文，受人歧视，却凭着信仰的热忱写出了一部吸引了全世界读者的不朽寓言《天路历程》。

一个满腔热忱的人，不论从事怎样的工作，都会认为自己的工作是一项神圣的天职，并怀有浓烈的兴趣。不论工作有多么困难，这是需要多么艰苦的训练，他始终会用从容不迫的态度去应对。只要具有这种态度，他就终会成功，一定会达到目标。

| 温馨提示 |
WENXINTISHI

美国著名社会活动家贺拉斯·格里利说："只有那些具有极高心智并对自己的工作怀有真正热忱的人，才有可能创造出人类最优秀的成果。"

用热忱构筑人生的乐园

热忱是一种意识，它能使你对人、对事、对工作充满激情，迸发出巨大的力量，并对你周围的人产生深刻的影响。

麦克阿瑟将军在南太平洋指挥盟军的时候，办公室墙上挂着一块牌子，上面写着这样的座右铭：

你有信仰就年轻，疑惑就年老；

> 你有自信就年轻，畏惧就年老；
>
> 你有希望就年轻，绝望就年老；
>
> 岁月使你的皮肤起皱，但是失去了热忱，就损伤了灵魂。

这是对热忱最好的赞词。培养并发挥热忱的特性，就像我们给所做的每件事情都加上了火花和趣味。

对自己的工作热忱的人，不论工作有多困难，始终会用不急不躁的态度去进行。爱默生说过："有史以来，没有一件伟大的事业不是因为热忱而成功的。"

热忱和人类的关系，就好像是蒸汽和火车头的关系：它是行动的主要推动力。人类最伟大的领袖，就是那些知道怎样鼓舞他的追随者发挥热忱的人。

多年来，拿破仑·希尔的写作大都在晚上进行。有一天晚上，当拿破仑·希尔正专注地敲打字机时，偶尔从书房窗户望出去——他的住处正好在纽约市大都会高塔广场的对面——看到了似乎是最怪异的月亮倒影，反射在大都会高塔上。那是一种银灰色的影子，是他从来没见过的。再仔细观察一遍，拿破仑·希尔发现，那是清晨太阳的倒影，而不是月亮的影子。原来已经天明了。他工作了一整夜，由于太专心于自己的工作，使得一夜仿佛只是一个小时，一眨眼就过去了。他又继续工作了一天一夜，除了其间停下来吃点儿清淡食物以外，未曾停下来休息。

如果不是对手中工作充满热忱，从而使身体获得了充分的精力，拿破仑·希尔将不可能连续工作一天两夜而丝毫不觉得疲倦。

热忱是股伟大的力量，你可以利用它来补充你身体的精力，并发展出一种坚强的个性。有些人很幸运地天生即拥有热忱，其他人却必须努力才能获得。发展热忱的过程十分简单。首先，从事你最喜欢的工作，或提供你最喜欢的服务。如果你因情况特殊，目前无法从事你最喜欢的工作，那么你也可以选择另一项十分有效的方法，那就是把将来你最喜欢的工作当作是你的明确目标。

现在，许多单位在评估一个人的时候，总要既考虑到他的才干和能力，又考虑这个人所深藏的热情。

因为如果你有热情，几乎就所向无敌了。

要是你没有能力，却有热情，你还是可以使有才能的人聚集到你身边来。假如你没有资金或是设备，若你有热情说服别人，还是有人会回应你的梦想的。

热忱就是成功和成就的源泉。你的意志力、追求成功的热忱和热情愈强，成功的几率就愈大。

热忱可以使你释放出潜意识的巨大力量。在认知的层次上，一般人是无法和天才竞争的。然而，大多数的心理学家都同意，潜意识的力量要比意识的力量大得多。一家小公司不可能梦想很快就招募到一批奇才。但是，我们相信，如果发挥潜意识的力量，即使是普通人也能创造奇迹。

不过，我们需要记住的是，热忱要单纯。

真正的热忱常能带来成功，但如果热忱是出于贪婪或自私，成功也就如昙花一现。如果你对正义毫无感觉，凡事都以自己为出发点，也许一开始你会尝到成功的甜头，最后还是不免丧失。

能否获得成功的人生，最后还是要看我们潜意识里的欲念是否单纯。

| 温馨提示 |
WENXINTISHI

热忱并不是一个空洞的名词，它是一种重要的力量，你可以予以利用，克服自己对一些事物毫无兴趣的弱点，使自己获得好处。没有了它，人就像一个已经没有电的电池。

调控情绪：做自己情绪的主人

生活本身就是个制造麻烦的专家，它每时每刻都会以各种琐事杂事频繁骚扰我们的心情。尤其是那些多愁善感的人，更会随着生活的韵律时喜时悲、时忧时怒。如果任由自己的坏情绪肆意而为，那么不仅会打乱个人原本平静的生活，而且还会有害于身心健康。一个人若想做生活的主人，就必须调控好自我情绪。

驾驭情绪是追求成功的前提

情绪是人在心理活动过程中所产生的内心体验，它常常会通过人的某种行为和表情表现出来。人的情绪是多样的，是极为复杂的，它一般是随着心理活动的变化而产生波动的。这种波动常常表现在人的行为方面。比如说，当一个人兴高采烈时，他的笑脸、他的语言、他充满活力的一些行为就很容易表现出来；而当一个人消沉、沮丧时，他阴沉的表情、对一切都漠视的神色也会很快在周围泛滥开来。这些情绪都会感染别人。

不同的情绪对人生的影响是不同的。积极的情绪推动着人生的成功，而消极的情绪则阻碍着人生的进步。因此，能够驾驭和管理好自己的情绪，即能够化消极情绪为积极情绪，是获得成功人生的重要前提。

在生活中，有的人乐观向上，有的人却悲观绝望，究其原因，是他们处理自己情绪的方式不同。

青少年要驾驭自己的情绪，首先需要正确、客观地了解自己的情绪。谁了解自己的情绪，谁就能充分合理地利用它，谁就能操控、驾驭它。谁要是不了解自己的情绪，就只能无助地听任它们的摆布，成为情绪的奴隶。

一般说来，高情商的青少年都是通过两种途径了解自己的。

（1）通过别人对自己的评价来认识自己

他人评价比自己的主观认识具有更大的客观性。如果自我评价与周围人的评价相差不大，表明你的自我认知能力较好；反之，则表明你在自我认知上有偏差，需要调整。

然而，对待别人的评价，也要有认知上的完整性，不可只以自己的心理需要，注意某一方面的评价。应全面听取，综合分析，恰如其分地对自己做出评价和调节。大多数人通过别人的看法来观察自己，为获得别人的良好评价而苦心迎合。但是，仅凭别人的一面之词，把自己的个人情商建立在别人身上，就会面临严重束缚自己的危险。

（2）自省——通过生活阅历了解自己

人生的棋局该由自己来摆，不要从别人身上找寻自己，应该经常自省并塑造自我。

成功和挫折最能反映个人的性格情绪，因此，还可以通过自己成功或失败的经验教训来发现自己的情绪特点，在自我反省中重新认识自我，把握自己的情绪走向。

善于了解自己情绪的人，大多善于将自己的情绪调节到一个最佳位置，协调或顺应他人的情绪基调，轻而易举地将他人的情绪纳入自己的主航道。这样，在人际交往和沟通中一定会一帆风顺。

高情商的青少年往往能有效地察觉出自己的情绪状态，理解情绪所传达的意义，找出某种情绪和心境产生的原因，并对自我情绪做出必要的、恰当的调节，使自己始终保持良好的情绪状态。低情商者则因不能及时地认识到自我情绪产生的原因，自然无法有效地进行控制和调节，致使消极情绪影响心境，久久不退。

温馨提示 WENXINTISHI

强有力的领袖人物、富于感染力的艺术家，他们都能敏锐地认识和监控自己的情绪表达，不断调整自己的社会表演。他们类似高明的演员，调动成千上万的人与自己同醉同痴。

青少年要做自己情绪的主人

每个人都会有情绪，情绪伴随着人的一生。在我们一生的学习、生活、工作中，我们会遇到各种境况，有时生活在压力下，有时遭遇不幸，有时碰到困难或不顺，有时不被理解，有时疾病缠身，有时又可能一帆风顺、春风得意，由此我们会产生欢乐、忧伤、愤怒、恐惧、悲哀等各类情绪。情绪的好与坏会直接影响人的学习、工作效率、健康乃至一生幸福与否。

不善于控制情绪，会使人们失去很多。许多青少年不易与人相处，常为一点小事、小利就与周围的人闹别扭、吵架，甚至动手，事后又后悔，内心很难平静。很多青少年不缺乏才华，不缺乏机遇，可就是因为不善于控制情绪，得罪了很多人，最后丢失了很多成功的机会，不良情绪还伤害了自身的健康。

现代社会竞争激烈，人际交往也更加频繁，这就需要青少年学会克制自己的不良情绪。只有始终保持良好的情绪，才能赢得一切顺利。青少年必须学会做自己情绪的主人而不是奴隶，这一点与自己一生的成功与否关系重大。

如果你总是懒散沮丧、不快、不想干活、不愿出门与人打交道，这说明你已成了情绪的奴隶，若继续这样，就与幸福和成功无缘了。

如果我们早上醒来的时候觉得信心百倍，相信自己一定能做好应该做的工作，而且会做得很出色，我们看上去就会与众不同，肯定能更好地发挥自己的潜能。不为沮丧、恐惧和焦虑等情绪所左右，那我们就是优秀的人。

看看下面这两个年轻人的做法，也许青少年会从中得到启示。

公司要裁员，名单内有内勤部的小晴与小文，按规定她们一个月后离岗。那天，她俩的眼圈都红红的——这事搁在谁身上都难受，大伙儿都小心翼翼，不敢和她们多说一句话。

第二天上班，小文的情绪仍很激动。有同事想劝她几句，她都气冲冲的，像吃了一肚子火药似的，谁跟她说话她就向谁开火。她心里憋屈得很，又不敢找老总去发泄，只好找杯子、文件夹、抽屉撒气。砰砰、咚咚，大伙儿的心被她提上来又摔下去，空气都快凝固了。

小文的情绪一直都糟糕极了，她走不出被裁的阴影，时不时在办公室里发泄她的不满，逮着什么就向什么开火。原先她负责的为办公室员工订盒饭、传递文件、收发信件的工作，现在她也懒得去理了。同事们看她一副愁容满面的样子，也就不再指使她，而且许多同事开始怕她，都躲着她。

小文本来是讨人喜欢的，所以开始时人们同情她，但后来，她人未走，大家都有点讨厌她了。

小晴也很讨人喜欢。裁员名单公布后，小晴哭了一个晚上，第二天上班也无精打采。可一打开电脑、拉开键盘，她就把工作以外的事都抛开了，和以往一样勤奋地工作起来。小晴见大伙儿不好意思再吩咐她做什么，便特地跟大家打招呼，主动揽活。她说，是福跑不了，是祸躲不过，反正都这样了，不如干好最后一个月，以后想干恐怕都没机会了。干着工作，小晴心里渐渐平静了，她随叫随到，仍坚守在她的岗位上。

一个月后，小文如期下岗，而小晴却被从裁员名单中删除，留了下来。主任当众传达了老总的话："小晴的岗位谁也无法替代，小晴这样的员工，公司永远不会嫌多！"

人的情绪是变化多端的，喜怒哀乐、愤恨交加都会时常发生，也正是因为这样，人往往会因小失大。青少年学会控制自己的情绪，才能成为胜者。否则，任由情绪失控，就会失去理性，从而输掉自己。

人非神仙，免不了七情六欲，有情绪是正常的，关键是如何控制好它，不要让它信马由缰地破坏我们的思维，从而破坏了我们的形象、学习、人际关系和工作前途。

当然，做情绪的主人并不意味着要完全抑制情绪，而是要掌控它，可以寻找不伤害他人、不影响自己的一切合适的方式爆发、宣泄。

激发你的情感潜能

成功者之所以能成功，那是因为他能始终保持积极的心态，这就是成与败的根本差异。人生的好坏，不是由命运来决定，而是由心态来决定。人们既可以用积极的心态看事情，也可以用消极心态，但积极心态能激发和开发潜能，而消极心态却抑制人的潜能。要培养积极的心态，就要从以下几方面入手：

（1）要学会"假装"

美国成功学家安东尼·罗宾指出，如果你想让自己变得积极进取，有一种有效方法，那就是学会"假装"。当你假装拥有某种心态，你就能实现那种心态。生理状态是人们所拥有的立时改变心态，立时获得成效的最有效的工具。俗话说："如果你想无所不能，那就装得无所不能吧！"你如果希望得到期望的人生，如果希望发挥出巨大的潜能，那就得使生理状态尽量地处于生龙活虎的状态。如果你装得很活泼、很有劲，很自然地你就能进入那种状态。在任何情况下，由于生理状态的改变是既快又有效的，所以它被认为是扭转心态最有力的杠杆。

（2）要表里一致

生理状态有一点特别重要，那就是要表里一致。表里不一会使人不敢坦然去做任何可能的事情，也无法使我们产生无畏的心态。而表里一致具有很大的力量，那些在各方面都成功的人，就是由于他们能够始终如一地组合身心的本身，因而才获得成功。安东尼·罗宾在讲课时或与人交谈时，总是以他的言辞、语气、呼吸和整个身心来表达出自己所坚持相信的理念。神情举止完全与自己所说的一致，所表达的就是自己脑子里的信号，让自己的心随着自己的话而行。所以，要想拥有能力并且成功，表里一致是十分重要的。

（3）要善于模仿

要想拥有表里一致的能力，最好的办法就是去模仿具有这种品质的人。模仿就是学习对方在各种环境、情况下的反应。如果你模仿别人的心理状态，你就会感受到被模仿者的心情。因为在我们模仿了他人的心理状态之后，传送到脑子里的信息和被模仿者所传送的信息相同。你希望发挥自己的潜能吗？那就有意识地去模仿那些受你尊敬且推崇之人的心理状态吧！你如果真的这样做了，你就能产生和他们相同的心态，并且有可能取得相同的成就。

（4）要清除思想垃圾

一个人每天都可能产生许多思想垃圾，诸如，只看到自己生命中的灰暗面；强调并放大各种可能的困难；只看到周围的一些消极现象，从而使自己心灰意冷而产生消极心态。因此，为了培养积极心态，高情商的人每天必须清除这些思想垃圾。拥有乐观积极的心态，用笑脸看世界，用必胜信念看未来，内心就会激发一种强大的动力。

（5）要有控制自我的意念

人的心态是可以自我控制的。如果人们能控制并传送自我良好的心态意念，那么人们就能不断地产生积极的正面结果，即使在成功的可能性很小的情况下也能够获得成功。那些优秀的人，往往是在绝望的环境里仍传送成功意念的人，他们不但鼓舞自己，而且也振奋别人，不达目的绝不休止。

人们都希望得到快乐、喜悦、兴奋、平安，尽量远离那些挫折、愤怒、烦恼、无聊的心态。多数人采取的方式是打开电视看些喜欢的节目，从而使自己舒坦些，或者同友人一起吃顿饭，或者吸支烟，或者到室外活动一番。这些方法对愉悦身心都有用，但却不能持久。当这些活动一结束，他们的心态依旧。因此，真正的积极心态之源泉，在于建立一套自我心理模式，内心有一种良好的意念，而且对这种意念进行自我控制。

（6）保持良好的心理暗示

假如有一天早上，你看到了你的一位朋友，说："你今天看起来脸色苍白，你一定是生病了！"另一个同事也对你这位朋友说："你的样子好可怕，你赶快去医院看看吧！"接着，又一个同事对这位朋友说："你好像在发烧，精神很虚弱！"……接连几个同事都这么说，结果你这位朋友就真会生起病来。这种精神的力量十分强大，同样一句话，被人反复诉说以后，就会变成好像是真的一般。

有一位独居的老妇人，近来常失眠，每天晚上都要服下一粒安眠药才能入睡。有一天晚上，这位老妇人敲开邻居的门说："很抱歉打扰你，我实在睡不着，而且安眠药刚好吃光了，不知你家是否还有安眠药。"邻居马上回答说："我家正好有安眠药，请稍等，我马上给您拿。"于是邻居给了这位老妇人一粒大青豆。因为老妇人的视力不佳，晚上难以辨别青豆与安眠药。回到自己的房间后，老妇人心想："这是一粒特大的安眠药，效果肯定好。"这位老妇人马上服下这粒"药"，很快就入睡了，而且睡了她一生中最好的一觉。

如果一种心情和思想进入心中，就会盘踞、成长。如果进入心中的是一颗消极的种子，就会生长出消极的果实；如果是一颗积极的种子，就会生长出积极的果实。所以，一个人应该天天都有良好的心理暗示，保持积极愉快的好心情。

温馨提示
WENXINTISHI

　　如果有人告诉你一个真实的消息，但是说话时的语气却有点闪烁其词，而且举止、神色也不自然，你也就很难相信他说的话是真的。

让你的积极情绪感染别人

　　激情如火的演唱会上，活力四射的歌手们会用欢快的歌声和激情的肢体语言把台下观众的情绪调动得同样兴奋。他们的歌声和舞姿扣人心弦，最重要的是他们的情绪让观众们不由自主地随之跃动。而观众在看一些缠绵悱恻、凄惨无比的电视剧时，又会被剧中人物演绎的悲情所打动，随着剧中人喜而喜，随剧中人悲而悲，这些都是情绪感染的力量。

　　在与人交往的过程中，每个人都在不断地传递着情感讯息，影响着周围的人，同时也在不断接受他人的情感信息。在多数情况下，这种交流与感染比较间接与隐秘，不为大多数人所察觉，但这种感染作用确实存在。人们都喜欢与热情、大方、开朗的人接近，从他们身上可以感受到勃勃向上的生命的力量。他们并非从不曾忧郁、悲伤与痛苦，他们所掌握的不过是懂得如何将情绪适时适度地投射到他人身上。这种情绪的收放自如是情商的一部分。

　　情绪具有投射作用。当一个人满怀热情地与人交往时，他会把更多的注意力投注于交往对象以及双方的情感互动与交流上，使两人之间的情绪同步协调，而热情者往往是主动者、控制者。

　　把热情倾注在你的工作或学习中，会使一切面目一新。许多研究与事实表明，热情是影响人生成就的一大原因。同样，热情也是影响人际关系的重要因素。研究表明，热情的人在与人交往中往往更为积极主动、更勇于承担责任、更易于给予他人关怀和帮助，因而更受人欢迎。这种源于个人自身的内部推动力正是情商。

人际关系的一个基本定理就是情绪的相互感染，这是影响力的一个重要体现。人们在交往中，彼此传输和捕捉相互的情绪信息，并汇聚成心灵世界的潜流，通过这股潜流的涌动来感染、影响对方的情绪，对这种情绪的控制能力越高，在社交中的影响力就会越大。

人们在交往时，情绪传递的方向总是从表达能力较强的一方指向相对较被动的一方。某些人特别容易受到情绪的感染，也就极易动容。

善于顺应他人情绪或使他人情绪顺应你的步调，必然能够提升你的影响力，并建立良好的人际关系。成功的领导者或者富有感染力的演讲家都具有这一特征，而且能用这种方式调动千万人的激情或眼泪。

温馨提示
WENXINTISHI

在情绪互动的过程中，高情商者往往是情绪的主导者，即由他把情绪传导给周围的人。

把握与控制个人情绪的方法

如果有人向你提问："你愿意选择快乐还是选择烦恼？"所有的人都会不假思索地回答说："我愿意选择快乐。"但为什么还有很多人却深深地陷在痛苦和烦恼之中呢？大多数人会回答："我希望快乐，但是烦恼找上门来，我无法回避。"一般人都认为烦恼是客观存在的，当它侵袭人的情绪时，人是无法抵御的，就是说人对自己的情绪是无法控制的。这种认识是错误的。客观存在只是一种外界刺激，而刺激和烦恼是两回事。烦恼是人的主观情绪对刺激所作的一种反应。刺激不一定就引起烦恼，如果我们抱定选择快乐的态度，就可以通过各种方法来抵制、转移和疏导这些刺激，从而不让它们在我们的情绪中引起不良反应，或尽可能减小它们所引起的不良反应，或利用它们来产生一个有益的、积极的反应。

人们控制自己情绪的方法有很多，常见的有以下几种：

（1）转移法

转移法就是转移注意力，把注意力转移到愉快的事情上去。当我们认识到痛苦是不可避免的，只能默默地忍受时，就要尽快地、尽可能积极主动地将自己的注意力转移到那些最有意义的事情上去，转移到最能使我们感到自信、愉快和充实的活动上去。这种方法的关键是尽量减少外界刺激的输入量，尽量减少它的影响和作用。

（2）分离法

分离法即把遇到的烦恼分散隔离开来，不要把烦恼联系起来，更不要通过想象、思维等活动来放大刺激，从而增加烦恼。否则就会火上浇油，激化矛盾。具体来说，分离烦恼有以下四种办法：

- 分散自己的烦恼，并各个击破。
- 不要把这个烦恼同别的烦恼联系起来。
- 不要自寻烦恼，人为地加以放大。
- 具体的烦恼具体解决，不要算总账。

人们不应该把自己的聪明才智用在那些非原则性的和鸡毛蒜皮的小问题上，对于这些小问题最好糊涂一点，迟钝一点。

如果把我们的思维想象能力、联想综合能力、记忆能力和注意力等都用到那些小问题上，必然会加大加重自己的烦恼。

（3）弱化法

弱化法就是减弱自己的烦恼，不记忆，不思考，不想象。任何一个外界刺激作为一种信息，总是通过人的感觉器官输入到人脑里，再通过人的感觉、记忆、思维、想象进行加工，然后才产生感情。如果一个人对不良刺激不听、不看、不感觉、不输入大脑，人们也就自然不会有烦恼。如果已经输入了，那就尽可能地不记忆、不思考、不想象，也就是对这个信息不贮存、不加工。这里最好的办法就是不注意。因为记忆、思维想象等心理活动的过程都有一个特点，即不注意时就不可能产生。

（4）体谅法

体谅法就是原谅别人的过错，把对方看作一个客观存在的事物，认识到它的客观规律和必然性，问题仅仅是如何处理，这样，烦恼的情绪也就会消除。生气实际上是因为别人的过错而惩罚自己。所以，原谅了别人也就相当于饶恕了自己。大人生气和小孩子哭一样，是一种无能的表现。现实生活中，不少烦恼是由于别人的行为损伤了我们，或者是使我们受到侵犯，使我们感到受了委屈，从而产生了恼怒或气愤的情绪。要消除这类消极情绪，最好的办法就是体谅对方。

（5）解脱法

解脱法就是换一个角度看待令人烦恼的问题，从更深、更高、更广、更长远的角度来看待问题，对它作出新的理解，以跳出原来的思维范围，使自己的精神获得解脱。"塞翁失马，焉知祸福"、"不幸中的万幸"，就是典型的解脱法，将注意力集中到对自己有利的一面，这是一个人精神愉快的重要源泉之一。

（6）升华法

升华法就是利用强烈的情绪冲动，并把它引导到积极的、有效力的方向上去，使之具有建设性的意义和价值。当人们受到某种刺激，内心产生某种强烈的情绪冲动，但既不能采取阻止的态度，也不能采用直接发泄的方式时，升华就是最好的解决途径。人们常说的"化悲痛为力量"、"发奋图强"，就是升华的典型例子。

（7）抵消法

抵消法就是当某一刺激使我们产生不良情绪时，有意识地采取一些行动，寻求另外的刺激，使之抵消原有的刺激的作用。人的身心是紧密联系在一起的，形神是相互影响的。一个人感到高兴时就会微笑；反过来，当一个人心里不大高兴时，如果微笑，那也会改变自己的内在情绪。人们在激愤、感情冲动的时候很想发作，就会产生一种采取行动的潜在需要，如拍桌子、摔东西、从椅子上站起来、捶胸顿足等。这时我们可以采取联系着积极情绪的行动，不是拍桌子，而是把桌子上的东西整理一下；不是捶胸顿足，而是摸摸头发，向对方微笑；不是摔东西，而是把自己的上衣整理一下；不是一跃而起，而是站起来给对方一把椅子请他坐下……这样做，就能抵消或削弱不良情绪的反应。

（8）利用法

利用法就是我们平时说的"将坏事变成好事"。一种是对时机和客观条件的利用。如果对方有一种能使我们苦恼的强制性要求，却被你巧妙地加以利用，则在精神上就会感到由被动转化为主动，从而可由烦恼转化为怡然自得，乐在其中。另一种利用就是对情绪本身的利用。如"嬉笑怒骂，皆成文章"。当自己真挚的情感强烈而涌现时，抓住它做一些有益的事，这样既是利用，又是升华和抵消。

（9）表达法

表达法可以有多种形式：一种是书写。写给对方或中间人，把自己心中的委屈、烦闷、气愤等都痛快淋漓地写出来。写完了再念几遍，让心中的闷气都发泄出来，气消之后把它撕掉，不留痕迹。第二种办法是谈心，找一个热心、耐心、公正、宽厚、有见识、对自己又比较了解的人谈谈心，把自己心中的话痛痛快快地倒出来，并得到对方的劝导，心中会有一种舒畅的感觉。第三种就是直接找对方诚恳地谈谈，以求双方都做一些让步，都能接受。

以上九种办法，转移、分离和弱化为第一类，是尽量抵制刺激的侵入和放大；体谅、解脱和升华是第二类，就是尽量将不良情绪加以转变、消化；而抵消、利用和表达则属于第三类，即对于那些抵制未尽、转化未完的部分加以抵消，利用和表达来加以处理和解决。

快乐学习：积极地化解学习压力

　　由于当今社会竞争激烈，人们的心理普遍承受着或大或小的压力。虽然压力并不太受欢迎，但又是那么必不可少。因此，青少年应该学会去适应这些压力，调解好这些压力，而绝不能被压力驾驭，压得自己喘不过气来。

　　学习中的压力，主要来自自身，来自自我心理状态的消极和不稳定。要化解学习压力，首先要学会给自己的心理减压，变压力为动力。再困难的学习，有了好心态也会变得轻松快乐。

人人都有压力，化压力为动力

几乎每个人都经历过不同种类的压力，很多人每天都承受着来自不同方面的压力，压力已经成为很多人的一种生活方式。但这不意味着青少年应该对压力坐视不理，任其损伤我们的身体、情绪和精神。有些人将压力处理得很好，即使面对极端的压力也镇定自如；有些人面对在别人看来微不足道的压力也会全线崩溃；还有些人必须在压力之下才能发挥出最佳的水平。

常言道："井无压力不出油，人无压力轻飘飘。"适度的压力反而可以促成一个人的进步，促成一个人事业的成功。

美国麻省理工学院曾经进行过这样一个有意思的试验。试验人员用很多铁圈将一个小南瓜整个箍住，以观察南瓜长大能承受多大的压力。

最初，他们估计南瓜最大能够承受500磅的压力。然而，在试验的第一个月，他们就发现南瓜承受的压力已经达到了500磅。到了第二个月，南瓜在1500磅的压力下依然正常地成长。当它承受到2000磅的压力时，研究人员惊奇地发现，铁圈被撑开了，他们只好给铁圈加固。直到整个南瓜承受了超过5000磅的压力后，南瓜皮才破裂。打开破裂的南瓜，研究人员确认它已经无法食用了。大概是为了突破包围它的铁圈，这个南瓜内部充满了坚韧牢固的层层纤维。而为了吸收充分的养分，它的根部也往不同的方向全方位地伸展，长度竟超过了2.5米。

一个在平常看来又嫩又脆的南瓜，在环境改变之后竟变得如此坚韧，挺住了难以想象的巨大压力。它给我们的启示是：压力并不全是坏事，它可以让我们更加坚强，让我们日趋完善，更重要的是，它能激发出我们无穷的潜力。

同时这个事例也说明：适度的压力是有利的，过度的压力则是有害的。因此，青少年应该学会去面对压力，学会将压力调整到最合适的范围：针对不同的事情，在不同时间随时调整自己的压力，使它恰到好处。那么青少年如何利用好压力呢？不妨向下面这位书法家学习。

有一位书法家，他练字时总要使用昂贵的丝帛。很多人认为他这样的做法太浪费。书法家却说，正是由于丝帛珍贵，他每下一笔都会仔细琢磨，斟酌再三，以期传神，书法自然日见长进，终成大师。

这便是一个成功利用压力的实例，昂贵的"练习纸"给了这位书法家压力，逼着他每一次都只许成功不许失败，如此时时用心，笔笔长进。

┃温馨提示┃
WENXINTISHI

还有一位成功学大师给他的学生传授了这样一条经验："如果你想成功翻墙，请先把帽子扔过去。"

很多时候，正是压力给了我们持续前进的动力，不给自己回头的理由；压力总是能让人挖掘出自己的潜力，迸发出最大的力量。或许这也是成功的一个非常重要的因素。

青少年学习减压全攻略

减压很简单，青少年朋友，当你想要减压时，可以试试以下方式，如：经常保持微笑，困难时要积极求助，保持高度的自信心，丰富生活，凡事量力而行。另外，要有目标和追求，乐于助人，保持幽默感，学会理解和宽恕，学会倾诉和倾听，学会说"不"，等等。

其实，在我们所有的烦恼中有40%属于杞人忧天，30%是怎么烦恼也没用的既成事实，其余的20%是事实上并不存在的幻象，还有10%是日常生活中一些不足挂齿的小事。所以，在压力来临时，勇敢地挑战它，你就能很快地轻松起来；一味地逃避，只会让你身上的压力不断加大，直到最后将你压垮。当然，不同性格的人在减压时，其所适用的方法也是不同的。下面就针对不同性格的青少年给出一些不同的减压建议。

（1）性格内向者的减压方法

性格内向者的减压方法主要有以下三种：

① 利用内在声音发泄来减压。内在的声音减压主要是通过语言来进行心理暗示。心理学研究表明，语言的暗示作用可极大地激发人的潜能，特别是在催眠状态下，人的思维活动可以完全受语言暗示的支配。对性格内向的青少年来说，如果有哪一句话可以令你增强斗志，那么这句话就应该成为你的首选暗示用语。从现在开始，你要不断地用能够让自己放松的话暗示、提醒自己。

② 听爱听的音乐减压。音乐暗示法则是外在的声音减压招数。优美动人的音乐，通过听觉器官作用于大脑皮层，能给神经

系统一个良好的刺激。需要注意的是，为避免文字信息进入大脑，选择的暗示音乐应该是不带歌词的纯粹的音乐。

③ 调节身体状态来减压。最简单、最有效、最容易做的就是深呼吸法。最好是自己找一个舒服的姿势坐好，然后双目微闭，要让你的呼吸过程非常缓慢，从鼻腔慢慢吸气的时候，你感觉到自己腹部鼓起来了，吸到极致的时候，保持三秒钟，然后慢慢地通过口、鼻呼气。反复这样做，并在做的过程中暗示自己：我平静而缓慢地呼吸，我感到很安静、很温暖、很放松，我全身的各个部位都感到下沉和放松。在缓慢呼吸的过程中去体会、去感觉，以达到完全放松的状态。

性格内向的青少年大多不太爱和别人交流，不愿意麻烦别人太多。所以，采用上面三种方式，就可以靠自己的力量来缓解压力，这还可以在很大程度上让我们达到自我满足的状态。如果你是一个性格内向的人，不妨试试吧！

（2）性格外向者的减压方法

性格外向者的减压方法主要表现在以下几个方面：

① 运动减压。适当的运动便是消除大脑疲劳、改善情绪的有效一招。性格外向、热爱运动的青少年可根据自己的实际情况，采取慢跑、散步、打球、做体操等形式锻炼，但一定要避免剧烈的运动项目，以免受伤，更不要为此而过度透支体力。

② 大声唱歌。性格外向的青少年，在减压时，可以肆无忌惮地发泄个痛快。比如说大声唱歌，这样有助于情绪的宣泄，可以让内心积压的压力得到有效的排泄。

③ 向信任的人倾诉。外向的人善于表达自己的感情，当有压力时，可以向自己信任的人倾诉。只要能够坦诚地倾诉出来，压力就会顿时小很多。

当然了，每个人会有不同的习惯和喜好。不同的人减压方法也各不相同。但是，所有的方法都是为了同一个目的，那就是：能够少一些压力，多一些快乐和开心！

| 温馨提示 |
WENXINTISHI

如果你觉得上面的方法对你来说都不合适，那么你可以采取其他的诸如写日记、看电影、睡觉等属于你的方式。

化解学习压力贵在行动

这里的"化解"不是想法，而是做法，是实实在在地去做，去行动。不能化为行动的想法等于没有想法，能化为行动的想法却不去行动同样等于幻想、空想。也就是说，青少年要化解压力，当选准做法后，就要脚踏实地地行动。

（1）不能改变别人，就改变自己

压力来自各个方面，其促成因素也多种多样，要真正彻底地化解压力，则需要众多复杂的环节和活动。那么，就现在的实力和能耐来说，青少年是不能左右其他任何因素的，只有依靠自己行动。如果我们自己的化解方法恰当，就能有效地解决压力。

（2）越想没有压力，越是有压力

压力是一种感受、一种心理反应。事实上每一个人都有一定的压力，只不过各自感受的压力大小不同而已。青少年大多希望没有压力，但客观上又不可能没有压力，面对这种矛盾就会增加烦恼，而且越被烦恼困扰，越希望没有烦恼，于是就会经常出现这个问题。这个过程，从心理上看，实际上是在强化压力。对此，越强化就越烦恼，压力也就越大。因而，青少年要从主观上淡化学习压力。

（3）压力产生动力，动力产生行动

"反者道之动"，这是老子的思想，意思是说任何一个事物都有两个面，相反相成。压力也一样，也有它有利的一面。压力只要不超过极限，就会产生动力。青少年会有这样的经验，如果哪位老师严厉，他布置的作业就完成得好。再如我们面对学习压力，我们总希望改变，有的加时间，有的课外找老师补课，有的调节学习的专心程度，等等。这些都是因为压力产生动力，再由动力产生的行动。

（4）这块有压力，那块就没有压力

英语有压力，语文就有可能没有压力；文科有压力，理科就有可能没有压力；学习有压力，思想有压力，肢体、肌肉就有可能没有压力。压力和没有压力是两个同时共存的事物。但青少年平常却只注意前者的压力，淡化了后者的"无压力"。这种"哪壶不开提哪壶"的惯性做法实际上是不科学的。如果我们把精力集中到没有压力的方面，青少年就会找到愉悦的感觉，就会更加张扬个性，淡化压力的存在感。

（5）得不到的东西，不要想得到

青少年要正面看待自己的不足和缺点。不成功是正常的，不能全面发展也很正常。青少年要根据自己的实际情况制定目标。好高骛远，急功近利，对自己的发展都有害。得不到的东西非要得到，只是给自己找苦吃。人的精力、时间是有限的，青少年只有放弃这方面的精力投入，才有可能保证另一方面的精力投入。只有放弃这一部分，才会得到另一部分。事实上，想都得到的结果是都得不到。

所以，青少年要以开放的心态面对世界，包容他人，善待自己，发挥优势，舍弃奢望，一切从自己的实际出发，走自己该走的路，干自己愿干的事。

| 温馨提示 |
WENXINTISHI

有效行动有多少，化解压力的效用就有多少。化解压力的效用的多少等于自己的能力、方法和行动的总和。

快乐学习，追求学习的高境界

学习是件苦差事，如果只是一味地苦读，尝不到一点成功的快乐，时间长了势必会厌倦。所以对于学习中的点滴进步和成功，我们都应给予自己适当的鼓励，哪怕是一句"今天表现很不错"的话，也能使自己体验到成功的快乐，从而激励自己再下苦功夫去争取更大的成功。

青少年在勤奋学习中不断瞄准新目标，是追求学习高境界的一种有效方式。在每次作业、每次考试后都应定出更具挑战性的目标。如今天作业争取7点前做完，这次考试力求平均分数达到90分，比上次高2分等。不过目标不要过高，一经努力就可达到，这样不仅可以让自己在目标完成上变压力为动力，也能让自己体会到达成目标后的喜悦，为以后攀上更高的追求目标打下基础。

从前，有一个国王，年纪很大了才有一个儿子。这位小王子不肯专心学习，很让国王头疼。国王对着镜子看了看自己，唉，自己越来越老了，很快就不能再管理国家了，可是我的小王子还是什么都不肯学，将来他可怎么治理国家啊！我得好好想个办法让他热爱学习，要不然，我们的国家可就完了。

小王子整天不学习，他在干什么呢？原来啊，他喜欢做木工活，天天都跟着皇宫里的老木匠转。老国王看到儿子这样，想出了一个好主意。

一天，国王把小王子叫到大殿上。大殿边上有一位侍卫右手抬着，像在托着什么东西，一动都不动地站在那里。国王对王子说："我亲爱的儿子，刚才邻国送给我们一只神奇的鸟，你看，我让侍卫拿着呢。"

"什么？神奇的鸟？可是我什么也看不见啊。"王子跑了过去，左看右看，什么也看不见。

"你当然看不见了，因为这是一只神奇的鸟啊，一只看不见的鸟。我要你为这只鸟盖一座合适的鸟屋，放在御花园里。"

"什么？可是亲爱的父亲，我看不到鸟，怎么知道它有多大，怎么给它准备一个合适的鸟屋呢？"小王子着急地问。

"这个我不管，你去问问国师吧。"说完，国王就走了。

小王子很犯愁，于是就把国师叫到自己的宫殿里。国师听了小王子的话后，说："小王子殿下，我虽然活了这么久，可是也没见过这种神奇的鸟啊。这样吧，宫里的藏书处有许多书，明天开始你就去那里查吧，也许会有关于神奇的鸟的资料的。"

第二天，小王子一大早就跑到了藏书处翻起书来，但是花了好多时间也没找到一本有关于这种鸟的资料的书。可是，小王子渐渐似乎忘了这件事情，因为他被书里的内容吸引了。他从书里知道了世界上有好多种鸟，最小的是蜂鸟，最大的是鸵鸟，还有会说话的鸟，小王子沉浸在知识的海洋里。

国王偷偷派人来看，看到小王子这样认真学习，国王很高兴。

日子到了，国王把小王子叫了过来。国王问他："孩子，你的鸟屋做好了吗？"

"没有，父亲。"小王子说，"我很抱歉，因为那些书太有意思了，我看得入迷了。但是，我也没有白看，我已经认识了许多鸟，总有一天我会找到关于这种鸟的资料的，那时候就可以做鸟屋了。"

国王很高兴，走下王位，拍着小王子的肩膀说："亲爱的孩子，我的目的已经达到了。我不是真想要你做鸟屋，我是想要你知道学习是一件快乐而且有用的事情。"

从学习中不断感受到乐趣，是继续学习下去的一种动力。对未来的探索、对新知识的渴求，和爬山一样，登得越高就看得越远，从而充满着获得新知识的快乐。当尝到这种乐趣后，即使有时很累、很辛苦，也容易接受了，因此在学习中也就会更有劲头。

快乐学习、不断探索以及强烈的求知欲望，这就是学习的最高境界。你是否想达到这样的境界呢？达到这样的境界并非不可能，需要的是心态的调整。

把学习变成一件愉快的事情

学习不仅仅是青少年的事情，不断地学习对所有人都是有用的。经常学习与经常运动具有同等的功能，它能为我们培养良好的习惯，发展有用的技能，供我们终身受用。

但学习是一件很苦的事情，从开始上学，我们便天不亮就背着书包踏上去学校的路，常常又是天黑以后才回到家中。好不容易毕业了，自以为从此不必学习了，其实那时我们真正的学习才刚刚开始。

青少年只有把学习看成是一件愉快的事，才会使自己自觉地、积极主动地学习，才能永远保持学习的劲头。否则就会把学习看成一件痛苦的事，把学习看成是一种获取金钱与地位的工具，这样的学习也就缺乏源源不断的动力了。

下面就是一些让学习变得轻松有趣的常用方法：

（1）让开头轻松一些

如果是重新开始学习，那就让开头轻松一些。这包括把学习的目标定得低一些，学习的持续时间短一些，学习的内容浅显有趣一些，等等。一开始就把目标定得太高、把自己管得太紧，就会觉得学习是一种负担，由此而生厌。反之，轻松一些，渐渐就会培养起兴趣来，那时再加强，也就不以为苦了。

（2）创造一个良好的学习环境

要想办法为自己安排一块专门学习的地方：一个房间或者房

间的一个角落。要使这个地方对我们有特殊的吸引力，用图画、鲜花或任何我们所喜欢的东西把这块地方布置一下。桌面也要使人赏心悦目，不要弄得杂乱无章。学习结束的时候，也要把这个环境整理好，为下次学习提供一个好的环境。

（3）利用一天中最好的时间学习

也许青少年自己无法选择学习的时间，也许对在什么时间段学习也都无所谓。但大多数人在一天的某段时间里学习比其他时间效果要好，或学习起来比较轻松一些。比如有人喜欢在早晨背英语单词或在上午学习，有人则喜欢晚上学习。如果青少年有所偏好的话，不妨把时间调整一下。

（4）每次学习的时间不要太长

许多人学习失败是由于他们以为一旦开始学习，一坐就得好几个钟头。这种想法使他们觉得头疼、气馁，于是干脆不学算了。所以最好是任务不要定得太多，要实事求是，说到做到。每次学习时间要适当短一点，"一口只咬一片苹果"。至于这"一口"有多大，则取决于自己的效率和学习的内容。

（5）学习要多样化

一大块巧克力是很难一次吃完的，但如果是一盒什锦巧克力，每一块巧克力都很小，还有多种花色搭配，我们一定很感兴趣。所以无论青少年想学习什么，都应将学习划分为若干个小的阶段，中间有所停顿，内容有所变化，或适当插入一些活动。这样做就像吃什锦巧克力那样，会使青少年学习起来比较轻松一些，而且会有更好的收获。

（6）将大计划分解为小任务

大计划往往会使人感到非常困难，因为它实在是太大了，一开始就可能把人吓倒，而在行进的中间它还会使人沮丧，连刚开始的那股热情也冷了下来，目标最终遥遥无期。

其实并没有什么大得无法实施的计划。但是将大任务分解为若干个可操作的小任务，一步一步前进，最终必定能更有效地完成整个大任务。

（7）整理成果，以便利用

在学习的过程中，为了不浪费时间，青少年需要查找相关信息，查找曾在什么地方记下过笔记，或查找准确的档案。

防止寻找资料浪费时间的一个关键，是要有一个专门的地方存放自己的笔记。当完成一段学习或工作之后，要及时将资料送回原处，不要到处乱放，免得它们与其他材料混在一起，或者被卷入报纸而被无意间丢弃了。

（8）完成每个学习阶段都要奖赏自己

为了鼓励自己学习，青少年可以设立额外的、即时的奖赏。譬如，我们可以做出如下决定：如果在星期六下午学习三个小时，就可以去看一场电影。青少年要注意：要使这种方法收到实效，关键在于奖赏制度要简单，而且当时就能兑现。要给自己设立一个美好的前景来鼓励自己学习，而且在开始学习之前就要预见到欢乐，这会使自己更加努力学习。

疲惫的时候，学会放松自己

现代生活的快节奏，使越来越多的人感到身心疲惫；整日忙于埋头工作，却变得越来越不会休息了；虽然非常努力，但工作中却又发挥不出自己的活力。有关统计数据显示：一个人如果能够活到70岁，那么他也只有2.5万个日夜，而其中，睡眠要用掉8000天，吃饭要用掉1500天，花在路上的时间有1000天（一个人一年花在路上的时间就有500多个小时），9000天都在工作和学习，而在40年的工作中能够得到的休假只有区区960天。通过这样系统的统计数据我们可以看出，一个人，想要得到良好的休息和放松，真的不容易。

其实，能否做到从每天紧张繁忙的学习、工作中挤时间给自己一点放松的闲暇，是很能考验一个人的心理素质的。因为要做到这一步，就要不管时间有多紧迫、任务有多繁重，只要感觉到效率开始下降，精力不再集中而需休息调整时，你就得暂停工作并及时转入放松状态。事实上，许多青少年在大考临近时是绝不肯每天分出一小时的时间来读小说、逛街或看电视的。

每天有规律地做到张弛有度，我们不仅不会浪费时间，而且还可以节约时间。谦和轻松的心态有助于激发潜能，最大可能地提高你的效率。只有时常保持一种平和轻松的心态，你才能事有所成，走向成功。

| 温馨提示 |
WENXINTISHI

青少年要记住，那种期待到了将来的某一时刻才开始放松自己的计划是不可取的！如果你现在需要放松，那就现在开始放松自己。

要想更好地生活和工作，就要逐步地从心底里学会放松，什么事情都要能够拿得起放得下，这样才能快乐地享受生活。青少年学会放松，可以通过以下几个方面来实现：

（1）进行体育锻炼，强筋骨健体魄

在紧张学习了一天之后，适当的锻炼可以缓解焦虑和沮丧的情绪。但同时要注意不要使锻炼本身成为一种压力，即使是每大三十分钟的散步，也是如此。最好是陪着家人一起散步，效果更好。

（2）经常做深呼吸，注意劳逸结合

休息时，可以做一些迷你锻炼，比如用腹部呼吸，可以使肺部扩张，同时增加大脑所需要的氧气。另外，注意大脑皮层兴奋作用与意志作用的调剂，该玩就玩玩，该放松就放松，该紧张就紧张，该等时就等一等……永不气急败坏，永不声嘶力竭。

（3）多给自己一些时间，享受美食生活

每天留出半小时做自己喜欢做的事情。比如说，在假期中留出一些固定时间和家人、朋友聚会等。另外，碳水化合物能调节大脑中细胞反应的次数，从而使全身达到放松的效果。紧张的表现如生气、紧张、易怒、注意力分散等，都可以通过这种方式得到调节。所以，在极度紧张的日子里，可以多吃一些自己喜欢的零食，使体内的卡路里达到适当的水平。

（4）小事情上"傻一点"，该忘就忘

过去了的事就过去了，该忘的就忘掉，该粗心的就粗心，该弄不清楚的就不清楚。世界充满着生老病死、悲欢离合、喜怒哀乐，面对生活诸事，如果缩小"痛苦"和放大"快乐"，那便是积极的处世态度。

（5）学会幽默，让生活变轻松

一阵轻松的大笑，可以使你肌肉放松，血压降低，并能抑制与紧张情绪密切相关的某种荷尔蒙（激素）的生成，同时亦可以强化你的免疫系统。幽默一点，就是允许旁人开自己的玩笑，要懂得自嘲跟解嘲。有许多一时觉得急如星火的事情，事后想起来不无幽默。幽默了才能放松，放松了才可以从容，从容了才好选择，一切都会变得容易起来。

从容镇静：努力消除考试焦虑

焦虑与紧张，多是由不自信造成的。克服考试焦虑，须在保持镇定、调整情绪、培养自信上下功夫。要知道，从容的心理素质，既是考试时必备的心理素质，也是一个人高情商的具体体现。

正确认识与解读"考试焦虑"

从情商的角度来看，"考试焦虑"可以简单地理解成一种"情绪的习惯化"。任何情绪的产生都是有一些"诱因"的，有一些能被我们察觉，就像看到一只老虎，我们的本能会告诉我们要害怕，这样我们才能撒腿就跑，保全自己；而有一些却是在不知不觉中产生的，例如对考试的焦虑。

吴天明平时的学习成绩很好，可是就要中考了，老师却发现他的成绩开始下降，而且越来越厉害。老师找吴天明谈话，他委屈地说："我学习很努力，可是一到考试的时候却总是觉得自己像生病了一样，总想去厕所，遇到不会做的题目时就觉得头皮发麻，一身大汗，最严重的时候手都哆嗦了……"

听了这些，老师立刻明白了问题所在。他问吴天明，以前就是这样吗？还是因为快到中考了才出现了这些"症状"呢？吴天明说："其实从很小的时候就有了，但非常轻，只是一到考试会心跳加快，头皮发紧而已，没有影响考试成绩，但现在……"吴天明说着说着低下了头，老师从他的脸上看到了难过的神情。

吴天明的问题是非常典型的"考试焦虑"现象。考试焦虑，简单地说，是一种情绪障碍，指在考试这种特定的环境中，无法控制自己的情绪。绝大多数的学生都曾经在考试时或者考试前体验到紧张甚至焦虑的情绪，这与他们当时的复习状况、身体状况甚至环境状况都有关，而只有那些持续的、几乎每次考试都会出现的焦虑才能称得上是"考试焦虑"。

考试焦虑是怎么产生的呢？心理学家和教育学家对它的解释非常多，比如：

· 对考试期望过高；
· 神经类型脆弱；
· 来自家长或者老师的外部压力；
· 来自争强好胜心理的驱动；
· 自控能力差。

对于如此繁多的成因，青少年需要具体情况具体分析。不过，这些原因中隐含着一个共同的原因，那就是情绪原因。

值得注意的是，考试焦虑并不是学习成绩较差的学生的专利。正相反，研究发现，那些学习成绩好的学生反而更容易考试焦虑。按常理说，成绩一直比较好的孩子，就像吴天明，一直是学习上的佼佼者，怎么反而有更严重的焦虑呢？这个问题的产生，除了有动机因素外，家长和老师的教育以及孩子自己接收到的信息也起到了极为重要的作用。成绩好的学生因为学习努力，对考试的结果有更高的期望，而且这种期望还会随着他成绩的进步而不断升高。倘若一次没有考好，会让他受到打击；同时，他还会因此而害怕下一次再考不好，这样就会在无形中给自己施加压力；再加上老师家长的一些说法，更会加重这种压力。目前，孩子们的竞争中有太多的"一锤定音"，中考、高考都是看一次考试的成绩。但其实，考试中有太多的"不可抗因素"，身体状况、考场情况甚至监考老师是谁都可能影响到孩子的成绩。因此，要孩子做到"次次考好"这个要求本身就是有问题的，由此给孩子造成的压力也是无穷的。

究竟如何摒弃考试中焦虑情绪的"习惯化"呢？青少年可以参考这样的办法：

（1）重新认识考试

青少年的紧张焦虑常常是由于自己对考试产生了错误的认

识，习惯性地把一次小小的考试与自己的未来联系起来，与是否能够报答父母联系起来。既然要去除这种习惯性思维，就应该重新理解考试。未来是不确定的，而且也正是因为这种不确定才精彩，只要努力了就不会后悔，应该为自己的努力而快乐。

| 温馨提示 |
WENXINTISHI

考试是个纸老虎，你害怕了它就会得意起来；你不理它了，它也就拿你没办法。对待考试，要有一颗平常心，做到战略上藐视它，战术上重视它。

（2）积极放松

我们每个人都有一个心理底线，当不得已达到这个底线的时候，我们的心理就处在很危险的状态了，很容易突然崩溃。因此，当青少年觉得焦虑开始积累而没有及时得到解决的时候，就意味着他已经在向自己的底线接近了，这时候就应该针对这些焦虑采取一些缓解措施。

最简单而直接的办法是抽出一整天的时间出去"游山玩水"，去吃自己喜欢吃的东西，去自己喜欢的地方玩儿。在这个过程中不能"闲下来"，要尽情地说，说说自己的郁闷，展望一下美好的未来，而不是沉浸在自己被考试折磨得痛苦不堪的心境里。要在玩儿的过程中彻底放松下来，因为玩儿不是最终目的，放松才是真正的目的。

（3）考场"习惯化"

有的时候，青少年在考前已经将心态调整得很好了，可是一走上考场，看到了与以前的考试完全相同的场景，他又开始紧张起来了。因为情绪的产生常常发生于我们的意识之前，也就是说在我们还没感觉到自己看到了什么、听到了什么的时候，情绪已经先产生了。所以，这个时候必须"屏蔽"这些产生焦虑情绪的刺激。比如，我们都知道考试开始之前的一段时间总是很难熬，进入考场后会因为没有发下卷子而无事可做，脑子里能想些什么呢？当然就会想到焦虑的事情了。那么我们就可以在走上考场之后去回忆一下考试中可能考到的某个问题，闭上眼睛，精力集中于正在回忆的内容，让那些嘈杂的声音、周围的老师同学等因素都尽可能地不对自己产生影响，有事儿做了，焦虑自然也就少了。

不急不躁，用平常心对待考试

这里要强调的是，考试前不要让自己处于一种患得患失的心态中，这样不但不利于你最后阶段的复习冲刺，还将直接影响到你在考场上的状态。

备考和应试期间应注意对心情的调节。心理苦恼或是烦躁往往会影响人的精神状态，而愉悦的心情无疑会极大提高学习的效率。例如注意劳逸结合，呼吸新鲜空气，多跟同学交流一下、开开玩笑，有时偷空看点小闲书、文艺节目等，都有助于让大家心情开朗和精神放松。

下面是2002年考入清华大学精密仪器系的黄毅平同学的考试经验：

关于高考，下面我要谈的是心理方面的准备。在这方面，我觉得最关键的是以一颗平常心对待高考。经过系统复习，大家对自己的学习能力大致有了了解，在高考中只要考出自己的真实水平即可，千万别奢望什么超水平发挥，因为往往越是对自己要求太高，越是不容易发挥出自己的真实水平。十年寒窗，谁不想迈入高等学府的大门呢？但我认为，只要你做到这一点，高考中就一定能发挥出自己的真实水平，甚至超常发挥。

那么，怎样才能使自己拥有一颗平常心呢？

在考试前夕，千万别觉得自己复习得不够，要相信凡是复习到的，我都很好地掌握了，我要立足于现在已掌握的知识，灵活运用，巧妙运筹，去对付考试。要知道考试也并非面面俱到的，它也只是几张试卷，并且出题范围、难易比例都是严格限定的。信心是成功的保障，没有信心，你就失去了对付考试最强大的武器。

更重要的是，对高考前练兵考试的名次不要挂在心上。一定要通过练兵考试找到自己的弱点，并及时拿出解决的方案。如果练兵考试一直考得不错，那千万不要扬扬自得，因为很可能你还有强点未显露出来；如果偶尔一次考得不好，那你应该高兴才是，因为这为你提供了努力的方向。要通过考试总结，找出失利的原因：是因为哪部分知识没掌握好，还是考试准备不够充分，还是考试中心理不稳定。然后，根据自己的不足，找出努力的方法及方向，有的放矢，根除隐患，向成功又走近了一步，这难道不是值得高兴的吗？

记住，怀着一颗平常心，你才能考出不平常的成绩。

心平气和，稳定情绪最关键

高考就像一场旷日持久的战争，你自己则是这场战争的指挥官。无法想象一个气急败坏的将军能赢得战争的胜利。同样，一个急躁而情绪不稳定的考生也很难取得理想成绩。

1997年考入北京大学的张晓谕同学在谈到自己的考试经验时如是说：

也许有人要说，"心平气和"这四个字说出来容易，要真正做到绝不是一件简单事情。是的，的确如此。面对高考——这也许是人生中最重要的一次考试——无论哪个考生肯定都会感受到或大或小的压力。成绩好的想考重点，一般的想考本科，差一点只要能考上大学就行，各有各的目标，各有各的压力。而且父母、老师的殷切期望加在身上（尤其是对于成绩较好的同学），更是一种沉重的压力。压力有一定的正功能。在一定限度内压力往往就是动力，能催人奋进。但当压力过大时其负功能也很明显，即易使人产生慌乱、焦灼不安的情绪，神经绷得太紧常使人无法进行正常的思维和判断。

当然，要做到心平气和，决定性因素还在于考生自身，应注意以下两点：

一是乐观地对待高考。凡事不可偏执，走死胡同。心胸开阔一点，达观一点，这样才能不骄不躁，心平气和。要知道，能考上大学尤其是能上好大学的终究只是少数。即使考不上，也不过是大多数失败者中的一个，何必那么想不开呢？第一次没考上，还有第二次、第三次机会呢，也许第二年自己能考上一个很好的大学，这不也是一件好事吗？

二是理智地对待环境。也许父母和老师加在你身上的压力很大很大，也许你周围的同学都在废寝忘食地拼命干，于是你也不由自主地受到感染，有些手忙脚乱起来。这时千万要理智一点，时刻提醒自己：别人是别人，自己的事要自己把握。绝不叫看见有的同学5点起床也跟着5点起床，有的同学晚上12点睡觉也跟着晚上12点睡觉。这一点非常重要。

| 温馨提示 |
WENXINTISHI

记住，无论是考前还是考场上，保持自身的心平气和实在是太重要了。要考出自己的理想水平，就必须做到这一点。只有心平气和，才能把自己真正的水平充分地发挥出来，甚至是超常发挥。

从容不迫，有效克服考试怯场

成绩不好的青少年很容易在考场上出现怯场现象，一方面他们学习基础不扎实，害怕自己考不好，从而心里产生焦虑和紧张；另一方面差生因为成绩不好，害怕自己考"砸"了，会使父母的期望落空，或是害怕同学、朋友、老师的耻笑，因而心理压力重重，较易发生怯场现象。

怯场按心理活动失调的程序可分为三类：

·轻度怯场：表现为临场情绪紧张、心慌出汗，本来熟悉的知识一下回忆不起来，但思路还正常，答题尚能正常进行。

·中度怯场：表现为较多的内容不能回忆，思路出现障碍，特别是思维的深度、广度、速度和灵活度受到影响，答题出现混乱。

·重度怯场：表现为正常心理活动暂时中断，发生晕厥，甚至休克，导致考试中断。

有位差生曾这样自述考试严重怯场的情景：

在考数学的时候，我先看了一遍考题，按习惯先做容易的题。可是当我做完两道题后开始做第三道题的时候，被难住了。其实，这是一道很容易的题，但我忘记了其中的一个知识点，所以我左思右想，就是解不出来。眼看着其他同学都在快速地解题，而且时间也一分一秒地过去，我急得满头大汗，心里越来越慌，思绪像僵化了一样，一点解题思路都没有，就这样浪费掉了十分多钟。后来，我选择了放弃，接着去做其他题目。但是由于刚刚产生的焦急心态并没有去除，加上心理紧张，对于每道题我几乎都无计可施，所以心里的紧张加剧了，一个念头猛然闪过脑海："我这次又完了。"接着，我的手开始急剧地发抖，几乎连字都写不好，心跳也加快了，脑袋里更是一片空白。当考试结束的铃声响起时，我还没回过神来。

以上案例告诉每一位青少年，有必要在考试前了解克服怯场的方法，以防万一。

（1）在考场上如果发现不便之事，要大方地提出来

考场上通常充满紧张的气氛，连监考老师都会有心理压力。为了避免这种情绪，使自己能轻松作答，最好在考场上不用太客气。譬如你感到冷了就穿上大衣，如果忘了带文具什么的就更不要客气，及时向监考老师提出要求。其他如座位太靠近暖炉以至于很热，或者桌子凹凸不平不好书写等，都可以向监考老师要求换个座位或桌子。诸如此类，除了答卷以外，任何事情都可以大大方方地提出要求，这样做不仅能增加自信，还可以尽情发挥你的实力。

（2）以挑试题毛病的心态去作答

这是有效的方法之一，就是尽量找出试卷中出题者所犯的错误。以一种挑毛病的心态去分析和解答问题，不仅不会被考题吓倒，而且还能充分掌握考题的性质，进而写出正确的答案，可谓一箭双雕。

（3）带上自己平常用惯了的文具

使用不习惯的文具就如同穿新衣服一般，会有一种不自在的感觉，结果反倒无法保持镇静。

有一位考生，当他在考场上心情不能平静时，就一边摸，一边看着自己平日使用的橡皮，结果出乎意料地使情绪逐渐稳定了下来。可见平常用惯了的物品不仅使用起来方便，同时还能像老朋友似的，帮你稳定紧张的情绪。

（4）在答卷之前，刻意做些"考试仪式"，能使心情镇定

例如：在答卷之前，先摘下手表放在桌子上，或者借着擦眼镜、整整腰带等动作来缓和紧张的情绪，这就是一种仪式，其目的不外乎准备开始考试。

总之，在关键时刻，利用这个方法能使精神得到放松。

（5）考试感到紧张时上厕所也可以稳定情绪

遇到了难解的问题，焦虑不安是难免的，恐怕此时心里只有一个念头："这可怎么办？"结果越着急血越往脑部冲，于是脸也涨红了，神情更是紧张得不得了，此刻最要紧的就是设法稳定情绪。

陷入这种状况时，为了使自己镇定下来，不妨松弛一下肩膀，或者伸伸懒腰、转转头。

如果这样做仍不见效，上厕所也是一个好办法，此时可以向监考老师提出请求。或者暂时走出有暖气设备的考场，到外面来透透气，这都能起到镇定的效果。

（6）**深呼吸能有效地控制紧张**

控制情绪紧张的最好方法是坐禅呼吸。做法是先深深吸一口气，待气沉丹田之后再慢慢吐出，此时情绪便能渐渐稳定下来。这就是丹田呼吸法中的一种腹式呼吸法。

| 温馨提示 |
WENXINTISHI

坐禅呼吸可使自律神经的活动正常，心脏负担减轻，整个身心都能变得浑然通畅。在这种状态下进入考场，当然是最理想的了。

保持状态，战胜考前紧张和焦虑

影响青少年的心态、造成考前心理紧张和焦虑的原因，通常有以下几种：

·对考试期望过大，怕达不到目标而辜负父母的期望，影响自己的前途；

·对自己信心不足，缺乏一种必胜的信念；

·自尊心过强，担心一旦考得不好会受到别人讥笑；

·对考试准备不足，还存在知识上的缺陷和漏洞，感到心中无数，以至于焦躁不安。

上述这些原因，常常使青少年产生一些消极的想法。如："这次考试我肯定考不好了，要是考不及格怎么办？""我怎么去向父母交代？""父母会不会骂我？""老师和同学怎么看我？""会不会说我笨、说我没有用？"以致转移了对复习备考本身的注意，过分夸大成绩不好可能出现的消极后果，严厉地进行自我责备，不相信自己的目标可以达到，甚至对自己的能力、价值都产生了怀疑。

这些消极的想法不仅导致青少年情绪的低落，而且还会引起体内的不良反应，产生生理上的不适，如胸闷、心慌、头痛、腹泻，等等。更糟糕的是，这些想法具有"自我实现"的效应，即"皮格马利翁效应"。青少年在考试之前便预言自己不会取得好成绩，这种消极的自我暗示会使青少年精神萎靡不振，本来该用于复习的时间却用在忧虑、担心考试的结果上，整日为对考试的结果的消极期待所导致的忧郁情绪所左右，哪里还有精神和心思复习功课呢？因而考试成绩不理想便在情理之中了。

因此，对考前焦虑的青少年来说，应在考前克服这种消极的想法，因为它是复习和考试的大敌。

（1）从实际出发确定期望值

期望心理是人的行为的巨大动力，没有期望就谈不上积极性。期望值高，动力就大。但如期望值过高，脱离个人实际，成功的概率就小，必与现实形成反差，导致心理失衡。成绩不好的青少年要克服这种心理波动，关键在于正确认识自己。如自己确实落后于同学，那也不必急躁，承认差别就是了。这样能使心理平静，反而可能获得考试成功。

当然，在面临考试时感到紧张，这是正常的心理反应，并且应该在考试期间保持适度的紧张，这样有助于振奋精神，提高思维活动的积极性。

┃温馨提示┃
WENXINTISHI

每一个青少年都应在考前保持心理上的适度紧张，提前进行适应性训练，从而避免形成考试焦虑。假若面对考试无动于衷，无任何情绪反应，那是绝不会在考试中取得好成绩的。

（2）善于对情绪状态进行控制

对于现在这种充满考试与学习竞争的学校生活来说，学会了控制情绪，也就是具备了有效生活的一个最宝贵的品质。因为有效的学习、良好的应试与积极的情绪是密切相关的。

社交能力：走向成功的通行证

　　情商的高低，最直接、最明显的功效检测，突出体现在人们的社交能力与人际关系中。大多数人通常都把与人交往视为生活的必需和人生的乐事，而把孤独看作是对人最恐怖的惩罚。但在人际交往中，如何表现人的高雅风情，如何建立广泛的人脉圈子，如何获得人生成功的更多机会，最不可缺少也是最重要的一点，就是人的高情商。

青少年人际关系的特点

青少年正处于青春期，即从少年期向成人期过渡的阶段。在此阶段，青少年身心发展的特征决定了他们人际关系的特点。

（1）人际关系的兴趣性

兴趣爱好是青少年人际交往的重要前提条件。青少年学生有强烈的结群需要，因此特别喜欢交往。但他们交往的中心内容是在兴趣爱好上获得同伴的理解、支持和合作，这是他们建立友谊的重要基础，也是发展人际关系的取向。这与成人的人际关系有所不同。成人的人际关系中虽然也有一定的兴趣爱好因素，但这已不再成为人际交往的中心。成人人际交往的取向是以生活、事业等为中心内容。因此，青少年的兴趣爱好不仅决定其人际交往的取向，而且起着维系人际关系的作用。

（2）人际关系的情绪性

情感因素在人际关系中起主导作用。但是在成人的人际交往中，情感的影响要受理性认识的调节和控制。成人会依据一定的利害关系及生活和事业的需要，与自己并不喜欢的人进行正常的人际交往。而青少年学生则完全受情感因素的支配，凭借个人的好恶来选择交往对象。在人际交往中，青少年的情绪性表现十分明显，对人的好恶表情化，把个人的心境和情绪表现不加控制地带入到与人交往之中，因而也容易导致人际关系的混乱。为了防止这种紧张人际关系的出现，青少年要特别注意克服人际交往中感情用事的问题，学会用理智控制自己的情绪。

（3）人际关系的自我性

人际交往是个体内在发展的一种需要，即通过与他人的交往，获得对社会的认识，形成对社会的适应能力。青少年学生由于社会认识的局限性，在人际交往中，把满足自我发展需要带入了交往的每一个过程和细节，以自我为中心，不考虑他人的得失，因而容易导致人际关系紧张，使自己陷入孤立的境地。为了防止这种孤立局面的出现，青少年在人际交往中必须克服自我性，学会替别人着想，考虑他人的得失。

（4）人际关系具有矛盾性

青少年正处于充满内心矛盾、动荡不定的年龄阶段，自尊自立的需求使他们与成人的关系日趋疏远，而与同龄人的关系则逐渐密切。但他们的年龄特征、身份、能力又使他们摆脱不了对成人的依赖关系，因此常常会出现与父母、师长的关系紧张。为了防止出现这种被动的人际关系，青少年应努力学会把这种矛盾关系转化为交往的动力，通过积极的交往，发展自己的独立性，正确处理与成人的关系，尽量弥合不同代人之间的鸿沟。

人际交往能力影响青少年的未来

人的健康成长离不开人类的环境，更离不开人类环境中人与人之间的交往。心理学的大量研究成果和人们亲身的实践都已证明，对于一个人来说，正常的人际交往和良好的人际关系都是其心理正常发展、个性保持健康和生活具有幸福感的必要前提。

一滴水只有放到大海里，才能永不干涸。一个人纵然是满腹经纶、才华横溢，其能力的实现同样离不开一定的人际环境。一个人的能力只有在一定的集体背景下才能凸现，甚至还能在一定程度上对个体能力进行放大与倍增。现代社会，分工细化，竞争酷烈，青少年只有借助众人的力量，才能最大限度地实现自己的才能价值。要达到这一目的，则必须有一定的交际能力。

之所以强调人际交往对青少年的重要性，主要是因为如下几点：

（1）人际交往能促进青少年自身的发展

人际交往具有传达信息、传达情感、协调行为、提高人际知觉准确性的作用。

从人生发展的角度来认识社交对青少年个体成长发展的影响，有助于青少年对社交活动的正确认识和理解。

① 人际交往影响着青少年社会化的进程。人的社会化只有在人际交往中才能得以进行和实现。随着成长，青少年交往的范围不断扩大，交往的内容逐步深化，交往的形式日趋多样。青少年的沟通性质和交际水平，直接影响着他们社会化的水平。

② 人际交往是促进青少年认识自我的基本途径。人对自己的认识总是以他人为镜，需要通过与他人进行比较，把自己的形象反射出来而加以认识。青少年在与他人沟通交往的过程中，往往以同龄人为参照系，吸取更多的信息，更清楚地确定自我形象。

③ 人际交往是青少年个性发展和完善的条件。人的个性除受先天遗传因素影响外，更重要的是后天环境的影响。长期生活在友好和睦的人际沟通关系中，就会乐观、开朗、积极、主动。青少年时期是人的个性定型时期，积极的社会交往有助于个性的发展和优化。

④ 人际交往是青少年保持心理平衡的有效方式。人际交往的时间和空间越大，人的精神生活就越丰富，得到支持与帮助的机会就越多，就越能保持心理平衡；而交往得不到满足时，人的情绪就会低落，心理失衡得不到调整，因而容易导致身心疾病。

（2）人际交往是机遇的天使

机遇是人们共求的，古今中外，有数不清的"怀才不遇"之哀。"不遇"是什么？通常的理解是遇不上伯乐、"明主"，其实最本质的应是机遇。所谓"天赐良机"，良机自有天赐的成分，但更重要的要靠自己去寻找与捕捉。

良好的人际交往关系使人信息渠道畅通，甚至能由此带来千载难逢、价值无量的好机遇，使人尽情施展才能，获得成功。

当前是信息时代，信息是成功的要素，信息更是打开机遇之门的金钥匙。而人际环境本身就是信息的集散地，和谐的人际交往关系总是机遇的天使。

（3）人的成才离不开沟通与交际

"一个不肯助人的人，他必然会在有生之年遭遇到大困难，并且大大伤害到其他人。"一位哲人如是说。

帮助别人，也是一种交往，从本质上看是一种付出和奉献，但从效果上看，在帮助别人的同时自己也获得了人格的提升，由此建立起良好的人际沟通关系。有些人因为帮助别人，甚至还得到意想不到的回报。

善于社交，去帮助别人，往往也是帮助自己。生活的哲理是：有沟通，必有收获；帮助的人越多，困厄时得到的回报也就越多。纵观那些各行各业的成功人士，无不是善于沟通、乐于助人、有良好的人际沟通能力的人。

著名成功学家卡耐基认为：一个人事业上的成功，只有20%是基于他的专业技术，另外的80%要靠人际关系即与人沟通的能力。因为每个人都是社会的人，是社会这张大网上的一个结，每个人都与他人有着挣不脱的联系，离不开交往与沟通。任何一种事业的成功都不纯粹是自我的，它必定要与他人发生关系。如果把成功的希望框定在自我小圈子内，不与他人沟通，成功之树永远不会枝繁叶茂，茁壮成长。

当然，社交并不是压抑自己的个性而媚俗，也不是无所选择地随波逐流、人云亦云，完全受制于从众心理。孤独是追求事业成功过程中有时必需的精神状态，它能使人潜心塑造自己所必需的专业素质。此时造成的孤独，如世俗偏见、流言蜚语、无人理解、无人尊重、无人欣赏乃至似乎被社会遗弃等都是正常的。但一个人如果要追求社会意义上的成功，那就不仅要习惯于孤独，亦要学会沟通，走出孤独。

青少年正处于人生成长的关键期与转折期，培养与提高人际交往能力，不仅有助于健康成长、学业有成，还将终身受益。

人际关系能够为你打通成功之路

我们在现实生活中不难见到这样的事例：两个以同样优异的成绩毕业的大学生，一个能很快适应社会，四处活动，左右逢源，另一个却安于现状，待在小岗位上，一事无成；两个同样狠抓管理、抓效益的企业，一个销量不断上翻，事业蒸蒸日上，另一个却苟延残喘，面临倒闭的危险……这一系列活生生的事实不能不引起我们的思考：难道成功仅仅取决于一厢情愿的努力吗？

麦当劳是世界上最著名的快餐服务集团之一，它在世界许多国家都有自己的服务点，形成一个庞大的世界性的销售网络。而这个网络主要是依靠人际交往的优势建立起来的。人际交往反映在经济领域里首先表现为集团与集团之间的交往、合作。麦当劳在建立自己的国外连锁店时，也巧妙利用这种协作关系，倾向于采取合资形式。如在沙特，麦当劳即采取与沙特王室成员合作的方式。其海外4700家连锁店，几乎都是采取合资形式。但麦当劳还坚持一个原则：要拥有股权的三分之二以上。麦当劳还善于利用地方优势，雇佣当地经济管理人才。同时，麦当劳还拥有一个长期盟友：可口可乐公司。可口可乐曾在四十年前扶了一把刚起步的麦当劳，而麦当劳则是"滴水之恩，涌泉相报"。在麦当劳所有的连锁店里，只销售可口可乐而找不到百事可乐，顾客选购的也自然是可口可乐。正是这种良好的人际合作关系，使麦当劳得以不断发展、壮大。

人际交往反映在企业内部，表现为内部人际关系的协调一致。与其他依赖高科技保持通讯联络的公司不同，麦当劳更相信面对面交谈这一最直接的人际交往方式的作用。在电子系统总部中没有电子信件，在公司主管迈克·昆拉的办公室里甚至没有电脑。高管人员集中开会，互相切磋、交流成功经验。典型的麦当劳会议是这样安排的：在悉尼召开亚洲地区连锁店经理会议，在伦敦召开欧洲采购会，世界性交流大会在芝加哥举行。麦当劳使用人际交往的技巧成功地管理好一个庞大的集团。

人际交往反映在销售上，表现为销售者与顾客之间的情感沟通。在这一方面，麦当劳销售的就是"服务"。公司主管迈克·昆拉自豪地说道："我们的服务可能是世界上最好的，我们的服务是快速的，侍者们面带微笑，人人可享受免费空调、免费浴室。我们告诉他们食物的成分，我们希望他们带着孩子来……"麦当劳能风靡全球的奥秘就在于此：微笑、便宜、洁净、统一标准化食品。为了扩大人际交往的交际网，麦当劳还不惜花费巨款来做广告。大胆推荐自我，这也是人际交往的重要技巧。据统计：麦当劳每年花在广告上的费用达14亿美元，而且麦当劳还是世界上广告做得最多的单个商标。通过广告，麦当劳树立了热情周到、诚实可信的商标形象，更多的人被吸引到麦当劳当中来。

麦当劳的成功告诉我们：人际关系是企业发展的生命线，无论是企业内还是企业外的人际关系，都对企业的生死存亡起着决定性的作用。

我们羡慕那些成功的创业者，他们不仅具有良好的素质和坚韧不拔的意志，而且能在人际交往中得心应手、稳操胜券。美国卡耐基工业大学对1万人进行了案例分析，结果发现个人"智慧"、"专门技术"和"经验"只占成功因素的15%，其余85%取决于良好的人际关系。

如果你漠视交际的重要功能而采取自我封闭的态度，就会导致自我认知的盲目以及家庭和友谊的失望、绝望，从而导致孤独无助、反社会意识的行为以及生活上的必然失败。

| 温馨提示 |
WENXINTISHI

哈佛大学就业指导小组调查的结果证实：数千名被解雇的男女中，人际关系不好的比不称职的高出 2 倍。可见，人际关系在很大程度上决定着职业生涯的成败。

培养良好的人际关系需要具备的能力

美国学者对协调人际关系作了独到的分析，下面我们先看一个例子：

瑞奇与罗杰上同一家幼儿园，下课时间他们和其他小朋友在草地上奔跑。瑞奇突然跌倒碰伤膝盖，哭了起来。所有小朋友都照样往前跑，只有罗杰停下来。瑞奇慢慢停止哭泣，这时罗杰弯下腰抚摸着自己的膝盖说："我也受伤了。"

美国情商研究专家汤玛士·海奇认为，罗杰的表现是协调人际关系的最佳范例。罗杰对同伴的情感表现出异常的敏感，而且能够很快地与他建立关系。他是唯一注意到瑞奇的处境而尝试安慰瑞奇的人，虽然他的安慰方式不过是抚摸自己的膝盖，但这个小动作却显示出建立人际关系的能力，这种技巧是维持任何亲密关系（家庭、友谊或事业伙伴）的关键。一个稚龄孩童已显露出这样的技巧，长大后必发展出更成熟的人际交往能力。

青少年在协调人际关系时，需要具备以下四种能力：

（1）组织能力

组织能力是协调人际关系时的必备能力，包括群体的动员与协调能力。剧院的导演与制作人、军队指挥官及任何组织的领导者多具备这种能力，表现在青少年身上则常是学习、活动的带头者。

（2）协商能力

协商能力主要表现在善于仲裁与排解纷争，适于发挥外交、仲裁、企业并购等事业。在青少年身上则常表现为为同伴排难解纷。

（3）人际联系能力

人际联系能力主要表现在深谙人际关系的艺术，容易认识人而且善体人意，适于团体合作，更是忠实的伴侣、朋友与事业伙伴，事业上是称职的销售员、管理者和教师。像罗杰这样的小孩几乎和任何人都能相处愉快，容易与其他小朋友玩在一起，自己也乐在其中。这种青少年最善于从别人的表情判读其内心情感，也最受同伴的喜爱。

（4）分析能力

分析能力主要表现在敏于察知他人的情感动机与想法，易与他人建立深刻的亲密关系。心理治疗师与咨询人员是这种能力发挥到极致的例子，若再加上文学才华则可能成为优秀的小说家或戏剧家。

这些能力是协调人际关系的润滑油，是构成个人魅力与风范的根本要件。具备这些社交智能的青少年易与人建立良好的人际关系。也因为与其共处是如此愉悦自在，这种青少年总是广受欢迎。

人际交往的基本原则

人际交往能力是现代人才的重要素质之一，是衡量一个人能否适应社会的重要标志。要想在现代社会生活中有所作为，就必须努力培养自己社会交往的能力，掌握交往的主动权。为此，必须了解人际交往的基本原则，以及成功交往的方法与艺术。

人际交往是人与人之间的相互作用。为了使自己的交往行为引起交往对象良好的反应，引发积极交往的行为，在交往中应遵守一定的原则。

（1）待人真诚

以诚待人是人际交往得以延续和深化的保障。在交往中，只有彼此抱着心诚意善的动机和态度，才能相互理解、接纳、信任，才能在感情上引起共鸣，使交往关系得到巩固和发展。那种"逢人只说三分话，不可全抛一片心"的交往信条，常常侵蚀着健康的交往关系。

（2）尊重他人

尊重包括自尊和尊重他人。自尊就是在各种场合自重自爱，维护自己的人格；尊重他人就是重视他人的人格、习惯与价值，承认人际交往中交往双方的平等地位。尽管由于主客观因素影响，人在气质、性格、能力、知识等方面存在差异，但在人格上是平等的，只有尊重他人才能得到他人的尊重。

（3）记住他人

每个人都关心自己，希望自己能得到尊重。如果我们能牢记朋友的名字，并在下一次遇见时"正确无误"地说出其名字及职称，自然能获得他人的好感。这是赢得人心的天字第一招，也是拓展人际关系的最有效也是最直接的方法。

多数人不记得别人的名字，只因为不肯花必要的时间和精力去专心地把别人的名字耕植在他们的心中。

如果你能记住某个人的名字，并在以后再见面时能不费劲地称呼他的名字，这就是对他的一个小小的恭维。

所有政治家都知道下面的这个真理：你能记住选民的名字，这就意味着你能成为国务活动家；忘记选民的名字，这就意味着你将成为被遗忘的人。无论是从事实业还是政治活动，都必须有记住别人名字的能力。

请记住：一个人的名字对他自己来说，是全部词汇中最好的词。为了取得社交上的成功，成为受欢迎的人，从现在开始用心记住别人的名字吧！

（4）学会倾听

在人际互动过程中，每个人常需要得到朋友的情感响应。当自己受到委屈、痛苦的时候，需要朋友的情感慰藉；当自己高兴、喜悦的时候，也需要朋友来分享。倾听需要技巧。懂得倾听的人，既不会让人有"介入"、"干涉"的感觉，又要与他一起喜怒哀乐，可以完全满足其情感需求。

（5）管好自己的嘴

古训有云："言语莫尖，尖可以折福。"带刺的语言，往往"兵不血刃"地伤人；逞一时口舌之快，以亏人、损人为乐，很可能"众叛亲离"，剩下孤家寡人一个。怒目相视，恶言相向，是人际交往的毒药，很容易引起朋友"大声"的报复，造成永无休止的"恶性循环"。所以，在人际交往中，以和善文明为贵，要收起自己那锋利的话语"犄角"。

（6）人所不欲，勿施于人

人跟人相处，"己所不欲，勿施于人"是入门，"人所不欲，勿施于人"是进阶。只有了解朋友，设身处地地替朋友着想，才不至于在天不时、地不利、人不合的情况下，表错情、会错意，造成"阴错阳差"的误会一再上演。

（7）相互帮助

互助表现在交往的双方相互关心、相互帮助、相互支持，既满足了双方各自的需要，又促进了相互间的联系，深化了感情。

（8）宽容他人的过错

宽容表现在对非原则性问题不斤斤计较，能够以德报怨。在人际交往中，由于经历、文化、修养等差异的存在，因误会、不理解而产生矛盾是不可避免的，这就要求遵循宽容的原则，宽以待人，求同存异。宽容有助于扩大交往空间，也有助于消除人际间的紧张和矛盾。

人际关系的破裂，往往是缺乏主动宽容他人、谅解他人的胸怀所致。青少年平时待人时要心胸开阔、宽以待人。而要做到这两点就要：不嫉妒他人，得理也让人。

| 温馨提示 |
WENXINTISHI

　　著名的文学家屠格涅夫说："不会宽容别人的人，是不配受到别人宽容的，但是谁能说自己是不需要宽容的呢？"可见，宽容是每一个都必备的品质。

培养良好的人际关系的基本要求

　　每天，我们都要跟不同的人打交道。处理好人际关系，不但能够使我们左右逢源，生活愉快，而且也会让我们做起事情来能够顺心如意，如鱼得水。因此，培养良好的人际关系实在是每一个青少年都需要不断修炼的一门重要的功课。

　　那么怎样才能处理好人际关系呢？以下列举了一些要点，会对广大青少年有所帮助。

　　（1）多替他人着想，切忌以自我为中心

　　要想搞好与他人之间的关系，就要学会从其他的角度来考虑问题，善于做出适当的自我牺牲。多给他人提供机会，帮助其实现生活目标，对于处理好人际关系是至关重要的。替他人着想还表现在当他人遭到困难、挫折时，伸出援助之手，给予帮助。良好的人际关系往往是双向互利的，如果你能够给他人提供种种关心和帮助，当你自己遇到困难的时候就会得到同样的回报。

　　（2）做人要厚道，待人要宽容

　　在处理人际关系时，不能待人太刻薄，太小心眼。别人有了成功，不能眼红，不能嫉妒；别人有了问题，不能幸灾乐祸，落井下石，更不能给人"穿小鞋"。人际关系中，有时发生矛盾，心存芥蒂，产生隔阂。遇到这种情况，是冤家路窄，小肚鸡肠，耿耿于怀，还是冤家宜解不宜结，相逢一笑泯恩仇呢？毫无疑问，后者是值得称道的一种态度。

（3）以诚待人，多点人情味

诚实是人的第一美德。做人要坦诚，更要有一些侠骨柔肠，光明磊落，襟怀坦荡，使人如沐春风。学会关心他人、爱护他人、尊重他人、理解他人。人与人相处，应当减少"火药味"，增加人情味，这样才能有个好人缘。

（4）要胸襟豁达，善于接受别人及自己

遇到比自己能力强的人时，切忌争强好胜，应该表现得大度一些，不失时机地赞扬别人，给别人以夸奖，这才是真正的交友之道。但须注意的是要掌握分寸，不要一味夸张，从而使人产生一种虚伪的感觉，失去别人对你的信任。

（5）富有同情心

同情的意思是想他人之所想，把自己放在对方的位置上，分享他人的感受。同情还包括学会用他人的语言讲话。你要想进入他人的私人世界，了解他们的思维模式，就要跨越障碍，用他们能理解的话语与他们沟通。即便有不同的看法，也要去爱人们。

（6）用愉悦的心情打动人心

人们喜欢同他们喜欢的人交往，这是很自然的。要想培养良好的人际关系，你就要成为快乐的磁铁。眼神和微笑是人际交往的请柬，是解除对方防备心理的姿态。所以，要成为快乐的磁铁，因为它是建立人际关系的重要部分。

（7）与人相交贵在真诚

人之相交，贵在知心。诚恳的态度，让人乐意与你交往。细心聆听他人意见，是展现诚意的第一步。聆听，不但尊重了发言者的权利，也让对方有充分的时间抒发他的情绪，并可给自己充分思考的时间，思索以何种言辞响应较为妥当。所以有人说："善言，能赢得听众；善听，才赢得朋友。"展现真诚的第二步，是关心他人，乐于助人，不求回报。所谓吃亏就是占便宜，凡事从大处着眼，掌握原则，在小地方不必斤斤计较。所谓助人，并非只指金钱的资助，而是包括精神上的慰藉、体力的协助，甚至劝阻朋友的不当言行。

（8）学会表达赞美和欣赏他人

人们内心深处非常渴望称赞这种东西，却很少品尝得到。要学会赞赏他人，不是虚伪的、操纵性的奉承，而是真诚的赞美和欣赏。每个人都有他的发光点。寻找对方的优点，然后大声赞赏。如果你愿意给予人们赞赏，他们就会喜欢你，他们将很难离开你，并期待再次与你相见。

| 温馨提示 |
WENXINTISHI

当你不断完善自己的待人技巧时，你就会建立持久而出色的人际关系。当你拥有了良好的人际关系之后，你一定可以拥有一个美丽的生活。

勇对挫折：打造一颗坚强的心

　　生活从来不是以人的意志为转移的，不如意之事时有发生。人生也从来不会总是一帆风顺，逆境与挫折时常遇到。如何面对和战胜人生中的逆境与挫折，作为高情商的人往往表现出这样四种宝贵的品质：一是清醒的白我意识，二是坚强的意志力量，三是乐观的坚定信念，四是不屈的坚持精神。

　　挫折、逆境、失败，都是人生中遇到的常客。如何走出困境，挫折后怎样奋起，失败了如何从头再来，其中选择有很多，但最重要的是要靠自己的情商，要用自己的信念，要凭自己的努力。

正确认识与面对挫折

懂得人生真谛的人，才能领悟快乐的所在。我们不可能没有烦恼，但不要被它所控制；我们也不可能没有痛苦，但不要被痛苦所束缚。快乐就是在战胜痛苦、走出烦恼中滋长和存续的。

世界不会挖空心思讨我们欢喜，生活是在许多的辛苦和烦恼中存续的。

人生并不是一直照我们的意思进行的。钱钟书老先生有个很形象的比喻：快乐是哄小孩吃药的方糖，是挂在狗鼻子上的骨头。"快乐"的"快"字也表现出了它的短暂性。

其实，人生是我们最佳的老师，它帮助我们学习一些生命中宝贵的功课，即使我们常常学得很费力，又很慢，其中一个功课就是——这个世界不会挖空心思讨好我们。

不管我们喜不喜欢，这是人生的一个真理。几千年来，哲学家在争论：人生为什么这样？但是，这不是我们的重点，我们在乎的是人生如何进行。假如我们不了解人生，只依样照单全收，那将永远解决不了问题，我们将会怨声载道。一旦我们了解世界并不会挖空心思来讨我们欢喜，我们就能开始挑起一副沉重的担子。

无论怎样努力，人生都没有十全十美的事，人生都要留下缺憾。所以，你要学会接受、面对、包容。无论现在有多美好或有多困顿，你都要认得清逆顺无常、祸福相依的真理。

人活着就必须面对各种各样的痛苦，正确地面对这些痛苦和艰辛，也是现代心理学家共同关注的问题。人们如果敢于承担它，就一定能超越它，并且能从中得到解脱，也就是说能够克服它。这时候，苦反而变成了人们精神生活的食粮，而我们心智的成长就从这里得到了促进和加强。

青少年培养自己抗挫力的第一步，是要对挫折有一个正确的认识和态度。有位哲人曾经说过："思想是行动的先导。"因此，我们也可以这样说："如何认识挫折是怎样对待挫折的先导。"

（1）认识挫折的普遍性和不可避免性

在人生成长发展的过程中，不可能总是一帆风顺、万事尽如人意。人生总会遇到这样或那样的困难、挫折和厄运。可以说挫折是生活的组成部分，人的发展成长就是在不断战胜挫折中前进的。青少年只有充分认识挫折的不可避免性，做好充分的心理准备，随时准备迎接挫折，才能战胜挫折，取得成功。

（2）树立正确的挫折观

挫折有消极的一面，也有积极的一面。挫折给人带来失败，造成损失，给人打击，产生痛苦。但是挫折也能催人奋起，磨炼人的意志，使人接受教训，取得经验，增强才干，变得更聪明、更成熟、更坚强。古语说："自古雄才多磨难，从来纨绔少伟男。"遇到挫折应正确认识挫折，找出原因，接受教训，使挫折向积极方向转化，使失败变为成功之母。

（3）正确地对待挫折

在人生的道路上，没有一个人是一帆风顺的，人生总会遇到各种各样的困难、挫折、失败，甚至是厄运，这完全是正常的事，关键是如何对待挫折。

有些青少年可能会在困难面前低头，被失败吓倒，因而在心理上产生了挫折感。挫折承受力低的人往往不敢正视困难，而是寻找自圆其说的理由，为自己辩解。挫折承受力低者在挫折面前容易丧失自尊心、自信心，增加思想负担，使人感到智穷力竭、灰心丧气。有这种心态的青少年很难成功，常常失败，因此我们称之为抗挫折能力低。

相反，成功者完全以相反的态度对待困难。他们敢于正视困难、挫折或厄运，他们善于分析困难、挫折，从中找出原因和教训，找到克服困难、战胜挫折的办法，从而解决问题，使自己走向成功。他们能使失败转变为胜利，体悟"失败乃成功之母"的真理。

有些青少年把失败和挫折作为增长才干的好机遇，他们说："失败是长根的时候，成功是长叶的时候，没有失败，成功就不够深厚。"戴尔·卡耐基说："从失败中培养成功。障碍与失败，是通往成功的两块最稳靠的踏脚石。若肯研究它们、利用它们，便没有别的因素更能对一个人发挥作用。且回头看看，难道你看不见失败会在那里帮助过你吗？"

不能正确对待困难、挫折和失败的人是不能取得成功的。只有战胜大挫折、大困难的人，才能获得大胜利、大成果。

| 温馨提示 |
WENXINTISHI

成功者能把挫折和失败当作踏脚石，站得更高，看得更远；而失败者则把它看成是绊脚石，挡住自己前进的道路，从此一蹶不振，爬不起来。

学会在逆境与挫折中奋起

在追求成功的征途中，人们不可能不会遇到困难。然而，面对困难，锐意进取的人总是能够不断地将它克服。

美国广告界的工作狂人亚·克罗尔就是一个不畏惧困难的人，他的信条就是："困难是暂时的，只要努力，最终就能战胜它。"这种不畏困难所表现出来的誓不罢休的进取精神，最终使他获得了巨大的成功。

亚·克罗尔于1938年出生在美国一个工人家庭。由于家庭经济不富裕，他边打工边学习。在校期间，他学习成绩优秀，文笔很好，被选为校刊主编。他的一篇学术论文引起了《新闻周刊》的注意，《新闻周刊》记者采访了克罗尔，从中了解到克罗尔今后的打算，或当律师或投身于广告事业。

这个消息被杨-鲁比肯广告公司的一位高级副经理知道了，他马上打电话邀请克罗尔到公司来，并诚恳地说，到广告公司，其律师资格也有用武之地。克罗尔就这样选择了广告这个行业。

克罗尔的信条之一："困难是暂时的，只要努力，最终能战胜。"

20世纪70年代初，杨-鲁比肯公司的经营出现了劣势，一些高级职员纷纷辞职另找出路。克罗尔也曾动摇过。董事长奈伊挽留他，并让他把设计部整顿一下。克罗尔接受了这一任务。他认为设计部是广告公司兴衰存亡的关键部门，设计部搞不好，直接影响公司的经营。他分析了设计部杂乱、骄纵的症结所在，那就是明明在广告设计上大有所为，可我们的力气总不是花在点子上。有时候，我们把客户想解决的问题压根儿给忘了。那时的设计部，各行其是之风可谓盛矣。根据上述分析，克罗尔设计了一套改造设计部的程序，使设计部焕然一新。公司很快扭转了颓势。

从此，克罗尔也从普通的设计业务人员，一跃而为出类拔萃的人物，成为主管复杂的服务性企业的实干家。他置身于作战的前沿阵地，不断完善克敌制胜的策略，带领下属夺魁称雄。

1974年，西荣斯床垫公司突然宣布，终止委托杨-鲁比肯公司经办广告业务。克罗尔知道后，马上召集公司设计人员开了一个极短的会议，仅仅用了三十六个小时，就准备出了一整套配有布景和音乐的西荣斯床垫公司的专题广告艺术宣传。通过演员们生动、风趣的演出，西荣斯床垫公司给企业界人士留下深刻的印象。不出一小时，西荣斯床垫公司宣布，鉴于杨-鲁比肯公司出色的广告宣传，本公司将继续委托它经办广告业务，取消同其他公司的业务合作。这次富有极大的挑战性的广告战，是克罗尔打得最漂亮的一次广告战。

1987年3月，克莱斯勒汽车公司董事长艾柯卡来电话，通知终断二十多年来的一直由杨-鲁比肯公司承担的4500万美元的广告业务。奈伊马上把这一不幸消息告诉了克罗尔。但克罗尔蛮有信心地对董事长说："既然如此，咱们就另寻他路吧，一定会揽到比这更大的生意。"

过了不久，克罗尔得知福特公司准备跟一家广告公司合作。于是他明察暗访，经过几次交锋，终于从福特公司那里接到了6800万美元的广告生意，使公司转危为安。

克罗尔把一个运动员在运动场上夺魁称雄的拼搏精神运用到企业经营上，永不懈怠，进取不息，从而使他在奋斗中屡屡得胜。

坚忍的人从不会停下来怀疑自己能否成功，他唯一要考虑的问题就是如何前进、如何走得更远、如何接近目标。无论途中有高山、河流还是沼泽，他都会去攀登、去穿越。一切思考和行动都是为了这个终极目标。

西奥多·凯勒博士说："许多人缺乏一种持之以恒、不达目的誓不罢休的精神，这一点非常令人遗憾。他们不乏冲动的激情，却缺乏应有的毅力，因此显得脆弱。只有当一切都一帆风顺时，才能开展有效的工作，一遇挫折就垂头丧气、丧失信心。"

无论一个人有多聪明，没有坚忍不拔的品质，就不能脱颖而出，不会取得成功。许多人原本可以成为杰出的音乐家、艺术家、教师、律师或医生，就是因为缺乏这种杰出的品质，最终一事无成。

别人都已放弃，自己还在坚持；别人都已退却，自己仍然向前；看不见光明、希望却仍然孤独、坚韧地奋斗着，这才是成功者的素质。

温馨提示 WENXINTISHI

一个人有了坚持不懈的精神，就没有什么事情做不成，世界上没有什么东西能抗拒这样一种坚定的意志力。

跌倒了，摸摸疼处爬起来

勇历艰险，不怕挫折，这是一切有志于创造出色人生的人必修的一课。当面临荆棘丛生的时候，披荆斩棘便是获得人生成功的必由之路。

不可否认，处境的艰险、失败的打击和对于新事物没有经验、缺少把握的特点，也会相应地给人们带来困扰、忧虑、苦恼和烦躁不安的情绪。但成功者不怕种种艰难，不会被困苦的处境压垮。出色的人最可贵的信念是变压力为动力，从荆棘中开新路。

贝弗里奇说得好："……人们最出色的工作往往在处于逆境的情况下做出。思维上的压力，甚至肉体上的痛苦都可能成为精神上的兴奋剂。很多杰出的伟人都曾遭受过心理上的打击及形形色色的困难。若非如此，他们也许不会付出超群出众的那种劳动。"他还指出："忍受痛苦而不气馁，是人生必修的严峻的一课。"

成功的人相信，"失败"是大自然的计划，它用这些"失败"来考验人类，使他们能够获得充分的准备，以便进行他们的工作。"失败"是大自然对人类的严格考验，它借此烧掉人们心中的残渣，使人类这种"金属"因此而变得纯净，使之可以经得起严格考验。而且让我们记住：命运之轮在不断地旋转。如果它今天带给我们的是悲哀，明天它将为我们带来喜悦。

纵观历史、横览世界，成功的人无一不是战胜失败而来！成功无一不是血汗与机遇的结果！

我们知道，在现场直播过程中，主持人遇到的困难是无法预料的，因此就会出现各种束手无策的情况，那种尴尬、那种无奈真是令主持人难堪。

1993年，倪萍专门为几对金婚的老年朋友举办一期《综艺大观》，他们都是我国各行各业卓有成就的科学家。其中有一位是我国第一代气象专家，曾多次受到毛主席、周总理的亲切接见。

在直播现场，当倪萍把话筒递给这位老科学家时，老科学家顺势就接了过去。对于直播中的主持人来说，如果把话筒交给采访对象，就意味着失职，因为你手中没有了话筒，现场的局面你就无法掌握了。更严重的是，对方如果说了不应该说的话，你就更被动！但那时众目睽睽，她根本无法把话筒再要回来。

问题发生后，倪萍没有刻意去推卸责任，反而主动承担了这次失误。这对于刚进台不久的她来说，该需要怎样的勇气啊！接着，她仔细回忆了当时的情景，试图从中找出失败的原因。人不怕犯错误，就怕接连犯相同的错误。她经过反复的思考和总结，得出了这样的体会：如果自己在直播前能和这位长者多交流交流，了解她的个性，掌握她的说话方式，那天就不会出现这种尴尬的场面。

当时倪萍如果只是一味地推卸责任，没有勇气挑战失败，不主动地从主观上找出问题的根源，那她就不会从"抢话筒事件"中获得启示，下次碰到类似的问题时同样还会手足无措，久而久之就会失去观众的信任与认可，也不可能在失败中增长才干，逐渐走向成熟并获得今天的成功。

事实上，成功的人往往在遭受了失败的打击时，能够极快地审时度势，调整自身，在时机与实力兼备的情况下再度出击，卷土重来。这种人堪称智勇双全，成功常常莅临他们，他们就是时下活得最潇洒的强人。

但是，也有许多人在开创事业的过程中屡战屡败。他们之所以不能取得成功，除了他们没有认真反省这一主观原因外，还有一个客观的原因，那就是失败和挫折通常是以一种"哑语"的形式来向人们说话的，如果你不去认真对待它、琢磨它，你是不会理解的。同样，"失败是成功之母"也是以这种"哑语"的形式来告诉人们它的真正含义的。

所有历经失败和挫折而终获成功的人，都是用他们的心认真地从失败中读懂了失败与挫折这"哑语"的意思，他们的失败才引导着他们走向了成功。

寻找战胜逆境的潜能

人如果身处逆境，并有与困难作斗争的决心和勇气，他生命的火焰也会因此而熊熊燃烧。就像火石不经摩擦就不会有火花迸发。正是在逆境中，在困难的刺激下，勇者发挥出他最大的"报复"的潜力，挖掘出真正的"自我"，从而取得事业上的成功。

在格里米战役的一次战争中，一颗炮弹把战区中的一座美丽的花园炸毁。但是在那为炮火所炸开的泥缝中，竟有一股泉水喷射出来，从此以后，这里便有了一道永不枯竭的风景。不幸与忧苦可能会将我们的心灵炸破，但在那炸开的裂缝中，也会有丰盈的经验、新鲜的血液，不息地喷射出来。

逆境，仿佛是将它的生命锻造成坚硬的铁锤与锋利的斧刃。它使一个人变得坚强和勇敢。有许多人非到穷困潦倒之时，才发现自己潜在的"报复"力量。灾祸的降临，反而足以帮助他们发现自己的潜力。

有一位科学家曾说，每当他遭遇到一个似乎不可逾越的难题时，他就知道自己快要有新的发现了。初出茅庐的作家，把书稿送入书店，往往要受到"璧谢"的回报，但因此却造就了许多著名的作家。失败足以呼唤一个人内在的潜力，使之最大限度地发挥出来，从而使他获得成功。有本领、有骨气的人，能将失望变成扶助，就像牡蛎能将泥沙变出珍珠一样。

凡是环境不顺利，到处被摒弃、被排斥的青少年，往往于日后是"秀而实"的好青年；而那些自小生活环境顺利的人，却反而多"苗而不秀，秀而不实"。现实中有很多这样的例子：

塞万提斯在写《唐·吉诃德》的时候正在监狱里，当时他困苦不堪，甚至没钱买纸。然而他凭着惊人的毅力，克服常人难以想象的痛苦，终于写出了这部为世代称颂的长篇巨著。

但丁被宣判死刑，在他被放逐的二十年中，他仍旧孜孜不倦地工作。约瑟尝尽了地坑和暗牢的痛苦，终于做到了埃及的宰相。

但是也有人一遇到挫折就抑郁、消沉、一蹶不振，把自己变成困难的俘虏，这样的人其实是在自暴自弃。试想，一个自暴自弃、对自己没有信心的人，怎能战胜困难，又怎能做命运的主人？不管做什么事，要想成功，必须有勇气，要有同困难做斗争的决心。我们在感觉到忧郁或失望时，应当努力扭转不利的环境。无论遭遇怎样的困难，不要反复想到自己的不幸，那只能使自己更加消沉。我们应该抱着宽容、乐观、积极的态度去认真面对，以最大的努力去释放出快乐。这样，不久你就会体验到一种神奇的力量。这种力量，正是战胜逆境的力量。有了这种力量，掩蔽你心田的阴影将会逃走，而快乐的阳光将会照耀你的全部生命。

苦难是一所很好的学校，逆境则是一种催化剂，对拼搏者来说，则是天堂。正是在逆境中，在困难的刺激下，勇者发挥出他最大的"报复"的潜力，挖掘出真正的"自我"，从而取得事业上的成功。

| 温馨提示 |
WENXINTISHI

在逆境中，人的情绪会极端消沉，高情商者能很快走出失败的阴影，自己拯救自己。

在逆境中自己拯救自己

在逆境中无所畏惧，正是高情商的体现。

情商之所以能发挥出异乎寻常的功效，关键在于它是对现实的能动适应。只有在现实冲突中，情商才能有所作为。

高情商者都是敢于面对现实、勇于与现实做斗争的人，他们都有一部血与泪交织着的艰辛的奋斗史。

从记事的那天起，他就知道父亲是个赌徒，母亲是个酒鬼。父亲赌输了，打完母亲再打他；母亲喝醉后，同样也是拿他出气。

拳打脚踢中，他渐渐地长大了，但经常是鼻青脸肿、皮开肉绽。好在那条街上的每个孩子大都与他一样，整天不是挨打就是挨骂。

像周围大多数孩子一样，跌跌撞撞上到高中时，他便辍学了。接下来，街头鬼混的日子让他倍感无聊，而绅士淑女们蔑视的眼光更让他觉得惊心。

他一次次地在质问自己：难道自己这一辈子就注定在别人的白眼中度过？

经过一次又一次的痛苦追问后，他下定决心走一条与父母截然不同的道路。但自己又能做些什么呢？他长时间地思索着。

最后他想到了去当演员，这一行既不需要学历也不需要资本，对他来说，实在是条不错的出路。可他哪里又有当演员的条件呢？相貌平平，又没有天赋，再说他也没受过相关的训练啊！

然而决心已下。他相信，即使吃遍世间所有的苦，他也不会放弃。

于是，他开始了自己的"演员"之路。

很不幸，他接连几次都被拒绝了，但他并未气馁。

面对如此沉重的打击，他不断地问自己：难道真的没有希望了吗？难道赌徒、酒鬼的儿子就只能做赌徒、酒鬼吗？不行，我必须继续努力奋斗！

他想到写剧本。一年后，剧本写了出来，他又拿着剧本遍访各位导演，不用说，他再次被拒之门外。

在他遭到1300多次拒绝后，一位曾拒绝了他20多次的导演对他说："我不知道你能不能演好，但你的精神让我感到震撼，我可以给你一个机会。我要把你的剧本改成电视连续剧，不过，先只拍一集，就让你当男主角，看看效果再说。如果效果不好，你从此便断了当演员这个念头吧。"

为了这一刻，他已做了三年多的准备，机会是何等宝贵，他怎能不全力以赴？三年多的恳求、三年多的磨难、三年多的潜心学习，让他将生命融和到自己的第一个角色中。

幸运女神就在那时对他露出了笑脸。他的第一集电视剧创下了当时全美最高收视纪录——他成功了！

现在，他已经是世界顶尖级的电影巨星，他就是大家熟悉的史泰龙。

现实是残酷的，现实正由于其残酷而精彩、美丽。只有在失败的铁砧上不断锤炼，才能锻造出铁的品质。正视现实，关键性的就是要正视失败。

情商高的人对现实的适应性极强，能够正视失败而不是消极地承受。青少年要相信，只要树立起坚定的信心，坚持奋斗，就必定能突破困境。

温馨提示

WENXINTISHI

逆境中的失败可能会使强者愈强,勇者愈勇,也可能使弱者更弱,甚至从此一蹶不振。所以青少年一定要正确对待逆境,不怕失败。

笑对逆境与挫折

一个能够在一切事情与他相背时微笑的人，表明他是胜利的候选者。因为具有这种心态，普通人是不能够做到的。

有这样一首诗：

当生命像流行歌曲般地流行，

那不难使人们觉得欢欣。

但真有价值的人，

却是那能在逆境中依然微笑的人。

让我们记住这首诗吧！一个能够在一切事情十分不顺利时微笑的人，要比一个一遇到艰难困苦勇气就要崩溃的人要多占许多胜利的先机。

有许多人往往在自己的能力范围以内不能实现成功的目的，就因为他们是那些败坏事业的感情的俘虏。

一个人不应该把自己降为感情的奴隶，不应把全盘的生命计划、重要的生命问题，都去同感情商量。无论你周遭的事情是怎样的不顺利，你都应笑对逆境，努力去支配你的环境，让你自己从不幸中振作起来。你应背向黑暗，面对光明，这样阴影自会留在你的后面的！

不少人都是自作孽，因为他们时时以颓丧的心情、不好的情感来破坏、阻碍自己的生命游戏。一切事情的成功，全靠我们自己的勇气，全靠我们对自己有信心，全靠我们自己抱着乐观的态度。然而一般人却不明白这一点，当事情不顺利时，当他们遇到不幸的日子或痛苦的经历时，他们往往会听任颓废、怀疑、恐惧、失望等思想主宰自己，破坏多年经营的事业计划于刹那之间！这真像向上爬的井蛙，辛辛苦苦地向上爬，但是一失足就前功尽弃了。

在你感觉到忧郁、失望时，当你努力改变环境时，无论遭遇怎样，不要反复想到你的不幸，不要多想目前使你痛苦的事情。要想那些最愉快、最欣喜的事情，要以最宽厚亲切的心情对待人，要说那些最和蔼、最有趣的话，要以最大的努力来放出快乐，要喜欢你周围的人！这样，你很快就会经历一个神奇的精神变化：遮蔽你心田的黑影将会逃走，而快乐的阳光将照耀你的全部生命！

┃温馨提示┃
WENXINTISHI

应该养成一个不容许任何可能引起不快的想法或暗示侵入你心中的习惯。因为那些想法与暗示，会给你带来不良的影响。